不生气，你就总能赢

杨继光 ／著

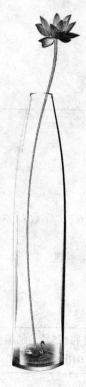

中国华侨出版社

·北京·

图书在版编目（CIP）数据

不生气，你就总能赢 / 杨继光著 . -- 北京：中国
华侨出版社，2020.1（2024.6 重印）
ISBN 978-7-5113-8162-0

Ⅰ.①不… Ⅱ.①杨… Ⅲ.①情绪—自我控制—通俗读物
Ⅳ.① B842.6-49

中国版本图书馆 CIP 数据核字（2020）第 010388 号

不生气，你就总能赢

著　　者：杨继光
责任编辑：唐崇杰
封面设计：冬　凡
美术编辑：潘　松
经　　销：新华书店
开　　本：880 mm×1230 mm　　1/32 开　　印张 / 6　　字数 / 198 千字
印　　刷：三河市众誉天成印务有限公司
版　　次：2020 年 6 月第 1 版
印　　次：2024 年 6 月第 6 次印刷
书　　号：SBN 978-7-5113-8162-0
定　　价：35.00 元

中国华侨出版社　北京市朝阳区西坝河东里 77 号楼底商 5 号　邮编：100028
发行部：（010）88893001　　　传　真：（010）62707370

如果发现印装质量问题，影响阅读，请与印刷厂联系调换。

前言

生活中，我们往往会为了一些人和事生气：当工作不顺心的时候，我们会生气；当被别人误解的时候，我们会生气；当看到不顺眼的做法的时候，我们会生气；当无法接受一些社会舆论时，我们会生气……此外还会为塞车、为天气、为股票、为别人的态度、为自己的遭遇等，生出种种怒气、闷气、闲气、怨气、窝囊气，仿佛我们的人生总有生不完的气。然而生了气之后，问题就消失了吗？不，气越大，局面反而会更加恶化，甚至一发不可收拾。

许多时候，导致糟糕结果的并不是我们没有足够的能力和智慧，而是我们没能控制好自己的情绪，生气伤己、伤人、伤心、伤身，不仅不能使你强大，还会让你受伤。只有控制好了情绪，我们做事才能游刃有余，才能扫清通往成功路上的障碍。

动辄生气失去理智，甚至不顾后果地自暴自弃是非常不可取的，因为每个人都不是一个单独的存在，身边会有家庭、工作，会牵扯到亲情、友情，是不能轻言放弃的。只有智慧地看待让自己生气的事情，静心凝气，才有可能解决面对的问题，收获人生的成功之花。

"心中有事世间小，心中无事一床宽。"可见，人生的悲与喜都源于你对它的态度。就像照镜子一样，当你斤斤计较时，你会看到一个小肚鸡肠的世界；当你豁然开朗时，你会看到一个宽宏大量的世界；当你咬牙切齿时，你就会看到一个横眉怒目的世界……所以我们要像闭关修炼者一样，放下一切杂念，走进不生气的世界，潜心学习不生气的智慧。

一个人是否会生气，只在转念之间。要学会笑对生活，对那些试图激怒自己的人可以冷眼相待，不要让一时的怒火影响了自己的进步，不要因为干扰生活的因素太多、变数太多而去生气动怒。只有把控情绪，才能把控自己的生命轨迹，才能把控未来发展。只有减少或降低不生气的频率，才不会掉入自我惩罚的陷阱，你的人生才会变得精彩纷呈。

生活就像一场不可逆转的比赛，不必深陷于诸多计较中，要想赢别人，必须先赢自己：用平和的自己打败暴躁的自己；用大度的自己打败狭隘的自己；用博爱的自己打败怨恨的自己……控制自己的情绪，调节好自己的心态，是每一个现代人必须要掌握的能力。谁不能做到这一点，谁就无法承受现代生活的高压力，更无法创造美好的人生。

目录

第二章

以和气对火气，路会越走越宽

第三章

心境豁达宽容者更受欢迎

第四章

学会调节情绪，活出别样人生

第一章

生气是毒药，
忍耐不住会误大事

愤怒伤人又害己

很多人在做事情时，为了达到某种目的，便用言语、行动去激怒别人。而此刻，被激怒的人往往容易丧失理智，在一时冲动之下做出后果严重的事。而激怒别人的人，也会为此付出代价。

在美国曾发生过一件轰动一时的"上班女郎命案"。有一个惯偷假释出狱后，由于女友和孩子急需生活费，他便下决心再干一次就罢手。

惯偷闯入了一幢公寓，正好女主人在家，他就用刀子威胁她，并把她绑了起来。当他在房内搜寻财物时，这位小姐的同伴回来了，他同样把她绑了起来。这时，女主人为了阻止惯偷的犯罪行为，便警告他说会记住他的相貌，协助警察逮捕他。

惯偷被女主人的话激怒了，一时情绪失控，把两位小姐打昏，再用刀子向她们刺了数刀，使其毙命。

几分钟的情绪失控，使这位惯偷失去了改过自新的机会，也使得两位女性丧命。

如果女主人不激怒这位惯偷，她们损失的可能只是钱财。然而，这位女主人以为自己的威胁会产生效果，没想到导致了悲剧的发生。所以说，激怒别人是毁人又害己的事情。

现实生活中，让所有的愤怒制造者改邪归正是不可能的，但是我们可以控制自己。别让自己的愤怒去伤害无辜的人，也别去激怒别人，做出毁灭自己的事情。以下的几点意见也许能帮助你，让你从此善于控制自己的情绪。

第一，了解自己的情绪。一有愤怒的情绪，就要立刻察觉，并了解愤怒的原因。

第二，控制自己的情绪。能够安抚自己，摆脱强烈的焦虑、忧郁的情感，以及控制刺激情绪的根源。

第三，激励自己。能够调整情绪，让自己朝着一定的目标努力，增强注意力与创造力。

第四，了解别人的情绪，理解别人的感觉，察觉别人的真正需要，具有同情心。

第五，建立融洽的人际关系。能够理解并适应别人的情绪，维持良好的人际关系。

另外，我们还可以体察别人的情绪变化，宽容怒气冲冲的人，积极主动地控制自己的情绪，掌握自己的命运。当令人愤怒的事情摆在我们面前时，我们要试着换位思考。只有这样，我们才能避免烦恼的侵袭，每天才能活得简单快乐。

怒气冲冲，伤神又伤身

生气，几乎每一个人都难以避免。如果一个人没有一点乐观豁达的态度，那么生活中令他生气的事将俯拾皆是。

夏原吉，湖南湘阴人，是明宣宗时的宰相，他为人宽厚、豁达，素有君子之风。

有一次他巡视苏州，婉言谢绝了地方官的招待，只在客店里进食。因为厨师做的菜太咸，使他无法入口。他仅吃些白饭充饥，并不说出原因，以免厨师受责。随后巡视淮阴，在野外休息的时候，不料马突然跑了，随从追了好久，都不见回来。夏原吉不免有些担心。

此时刚好有人路过，夏原吉便上前问道："请问你看见前面有人在追马吗？"

话刚说完，没想到那人却愤怒地对他说道："谁管你追马追牛？走开！我还要赶路。我看你真像一头笨牛！"

这时随从正好追马回来，一听这话，立刻抓住那人，厉声呵斥，要他跪着向宰相赔礼。可是夏原吉阻止道："算了吧！他也许是赶路辛苦了，所以才口不择言。"便笑着把他放走了。

有一天，一个老仆人弄脏了皇帝赐给夏原吉的金缕衣，吓得准备逃跑。夏原吉知道了，便对他说："衣服弄脏了，可以清洗，怕什么？你就安心留在府里吧。"

又有一次，一位刚进相府不久的年轻仆人在给他收拾书房时，不小心打破了他心爱的砚台，躲着不敢见他，夏原吉便派人去安慰他说："任何东西都有损坏的时候，我并不在意这件事呀！"

因此他家中不论主仆，都很和睦地相处。

夏原吉告老还乡的时候，寄居途中旅馆，一只袜子湿了，命伙计去烘干。伙计不慎将袜子烧了，却不敢报告。过了好久，才托人来请罪，夏原吉笑着说："怎么不早告诉我呢？"说完，就把剩下的一只袜子也丢了。

夏原吉回到家乡以后，每天和农人、樵夫一起谈天说地，显得非常亲切，谁也看不出他是曾经做过朝廷宰相的人。

夏原吉的无怒让他能保持一个时刻愉悦的心情。其实，冷静下来，仔细想想，生气，大都因他人、他事造成，错误并不在自身。令你生气的人已经走得老远了，你还为他生气，何苦呢？令你生气的事已经过去许久了，你还为它生气，何必呢？有时，心胸容忍不了他人、他事，便生起气来，却不知，生气是有害身体的，有些疾病正是通过生气发怒而突然暴发的，正如哲学家康德所说："生气，是拿别人的错误惩罚自己。"

在公开场合，人来人往，总免不了会磕磕碰碰，稍微不如意就生气，给他人脸色看，会破坏美好的心情；好朋友之间，免不了失约、误会，因此而生气，会伤害友谊；在单位里，免不了有矛盾纠葛，因此而生气，会带来不良的心理和境遇，因为没有一个上司和同事喜欢和爱生气的人相处。

然而，更重要的是，生气是拿别人的错误来惩罚自己，在惩罚自己的时候，又达不到纠正别人错误的目的。生气，别人感受不到你心中的不满，你也不会因此而心情愉快，两者的效益都是零。既然如此，就不必怒气冲冲，使自己伤神又伤身。

与其用别人的错误来惩罚自己，还不如让自己高尚的言行来显示别人错误的低下；与其拿别人的错误来惩罚自己，还不如让自己良好的美德来显示别人礼仪的缺陷。

《菜根谭》一书中说："径路窄处，留一步与人行；滋味浓时，减三分让人尝。"旨在说明做人要有平和、谦让的美德。在道路狭窄之处，应该停下来让人一步。只要心中常有这样的想法，那么人生就会快乐安详。

学学自我保护性的制怒方法

生理研究表明，人在发怒时会有一系列生理变化，如心跳加快、胆汁增多、呼吸紧迫、脸色改变，甚至全身发抖。这种情况对人体健康的伤害性是不言而喻的。

为此，当遇到能引起人发怒的刺激时，应当力求避开，眼不见，心不烦，怒去一半。这是自我保护性的制怒方法。

有一天，波曼在公司的走廊里听到办公室里有一个职员在埋怨他，这位职员认为公司安排给自己的工作太多，而领导并没有真正赏识自己。波曼想马上走向前去，把这位职员辞退。但想想为了这样一件小事就生气，很不值得。于是，他等自己的怒气消退一点的时候，便走向前去对那位职员说："约翰逊，你近来是不是觉得受了委屈？"

"啊！没有。"约翰逊答，"我觉得很好。"

"我刚才好像听你说工作太多了，而你有点不满意你的工作。"波曼和颜悦色地说。然后约翰逊自己承认，他之所以觉得受委屈，唯一的原因是他前一天在一块泥泞地上换了一个汽车轮胎而感到不高兴。

如果在生活中，一些琐碎的事情总是使你烦躁不安，你最好休息一下，或出去散散心，或者至少你要找出使你烦躁的原因，然后想办法解除。

某次，大银行家斯提尔曼痛骂了银行里的一个高级职员，这位可怜的职员站在他面前的时候，他坐在写字台后，板着面孔，一支钢笔在他的指间穿梭，一上一下不停地在桌上敲着。他就这样，不动也不换声调，用一种冷嘲热讽的口吻，对着这个职员严厉地痛骂着。最后的几句话尤为狠毒，以致那不幸的职员已经吓得发抖，一句辩解的话也不敢说。

这次的痛骂，是当着一个客人的面进行的。那客人觉得太可怕，于是忍不住说出来："斯提尔曼，我一生中从没有看见过像你这样粗暴的人。这个人在你银行里身居要职，而你却当着一个生客侮辱他！假如你激怒他，而他马上用刀把你刺死，我都不会觉得稀奇！一个人不能如此对待别人，或是任自己这样放纵。我想你的神经几乎要崩溃了，不能再待在办公室里了！"

斯提尔曼听了这种斥责，静默不动，他的脸色潜伏着愤怒，钢笔还是不住地在桌上敲着，那客人等了一会儿之后便走了。

当斯提尔曼冷静下来后，他认识到为了一点小事情而在客人面前训斥自己的员工，不但起不到教育的效果，员工还会因为在陌生人面前丢了面子而更怨恨自己，这样就违背自己的初衷了。更重要的是，自己为了一点儿小事在客人面前生气，暴露了自己缺乏修养的弱点，客人从此以后也不会与自己有生意上的往来了。认识到这些后，斯提尔曼对自己的冲动行为感到非常后悔，但一切都已无法挽回了。

怎样使自己不为小事发怒呢？你可以试试以下方法。

学会主动地控制意识，用自己的道德修养缓解和降低愤怒的情绪。在受到令人发怒的刺激时，大脑会产生强烈的兴奋区，这时如果主动地在大脑皮层里建立另外一个兴奋区，用它去抵消或削弱引起发怒的兴奋区，就会使怒气平息。比如盛怒之下的妻子，看到可爱的孩子天真的表演，会怒气全消；盛怒之中的老板，看到有条不紊运作的公司，必然怒气大消……

另外，怒从何来？常常是由虚荣心强、心胸狭窄、感情脆弱、盛气凌人所致，对此，可以用疏导的方法将烦恼导引到高层次，升华到积极的追求上，以此激励起发奋的行动，达到转化的目的。只有这样，你才能调整好心态，重新开始。

小不忍则乱大谋

孔子说：小不忍则乱大谋。意思是说：凡事应忍耐、包容，如果一点小事都不能容忍，脾气一来，就会坏了大事。所以，做人要有"忍劲"，坚忍下来，才能成事。纵观古今中外，能成大事之人必定是有大忍之心的人。而在我们的生活中，很多能忍一时之不快的人，其命运也会发生翻天覆地的变化。

古代有个叫尤翁的人，开了家典当铺。

有一年临近除夕，尤翁忽然听到当铺门外一片喧闹声。他出门一看，原来有位穷邻居在门外撒泼。柜台的伙计对尤翁说："他本将衣服当了钱，但现在空手来取。不给他衣服，他就破口大骂。"

伙计好言相劝，但门外那位穷邻居仍然怒气冲冲，不仅不肯离开，反而坐在当铺门口。

尤翁见此情景，从容地对那位穷邻居说："我明白你的意图，不就是要些衣服过年嘛！这种小事，值得一争吗？"

于是，他命店员找出穷邻居的典当之物，共有衣物蚊帐五件。

尤翁指着棉袄说："这件衣服，抗寒不能少。"又指着道袍说："这件给你拜年用，其他的东西不急用，现在还是留在这里。"

那位穷邻居拿到两件衣服，不好意思再闹下去，于是立刻离开了。

当天晚上，尤翁的穷邻居竟然死在别人的家里。

原来，此人打了一年多的官司，因为负债过多，不想活了，但家里其他人还要生活，于是他就先服了毒药，想去敲诈别人。他知道尤翁家富有，想敲诈一笔，结果尤翁能忍耐，没有成为他的发泄对象，于是他就转移到另外一家。

事后有人问尤翁，为什么能够事先知情而容忍他。尤翁回答说："凡无理来挑衅之人，一定有所依仗。如果在小事上不忍耐，那么灾祸就会立刻到来。"

尤翁的忍耐，让他免去了金钱上的损失，还求得了一个心安。如果尤翁不能忍耐，那么他丧失的就不仅仅是金钱，还可能引来牢狱之灾。所以说，在小事上不能忍，不仅难以成大事，灾难也会很快到来。只有忍耐之人，才能成就一番事业。

隋炀帝在位期间非常残暴，引起了众人的愤慨。当各地农民起义风起云涌时，隋朝的许多官员也纷纷倒戈，转向帮助农民起义军。因此，隋炀帝的疑心病变得很重，对朝中大臣，尤其是外藩重臣，更是疑心重重。

当时的唐国公李渊曾多次担任中央和地方官，他悉心结交各地的英雄豪杰，多方树立恩德，因而声望很高，许多人都来归附于他。如此一来，大家都替他担心，怕他遭到隋炀帝的猜忌。

正在这时，隋炀帝下诏，让李渊到他的行宫去觐见，李渊因病未能前往。隋炀帝很不高兴，于是产生了猜疑之心，也有了诛杀之意。当时，李渊的外甥女王氏是隋炀帝的妃子，隋炀帝便向她问起李渊未来朝见的原因。

王氏回答说因为病了，隋炀帝又问道："会死吗？"

王氏把这个消息传给了李渊，李渊便更加谨慎起来。他知道自己迟早会为隋炀帝所不容，但过早起事则力量不足，只好隐忍等待。因此，他故意败坏自己的名声，整天沉湎于声色犬马之中，而且大肆张扬。隋炀帝听到这些，便放松了对他的警惕。就这样，李渊在隐忍中开创了唐朝。

　　李渊正是因为初时的忍让，才可以在太原起兵，随后建立了唐朝。如果他当时忍不住心头之气，其结果必定是另外一个样子。所以说，为人处世忍辱负重，是一种韬晦、有涵养、胸襟宽广和目光远大的象征，也只有隐忍者才能成就大事。在古代，有很多这样的人，例如，越王勾践卧薪尝胆、忍辱负重，得以复国；韩信忍受胯下之辱而最终成就大业。

　　人的一生中有很多不如意的事情，如遭到他人的误解、嫉妒、辱骂。面对这一切，谁都不愿意成为他人发泄愤怒的工具。但是，你要知道，气愤来自他人不公平的指责；委屈来自他人对自己人格的侮辱。忍耐是为了顾全大局，求得安全，这样幸运事才会光顾。正如古人所言："吃亏人常在，能忍者自安。"

冲动发火是失败的祸根

　　有人说，冲动是魔鬼。率性而为则是冲动的祸根。率性而为的人，往往不会考虑行动的后果，只是按照自己的意愿行事，其结果必然是害人害己。因为，这个世界不是只有你一个人，如果你率性而为，就会伤害到别人。而你在冲动驱使下所做的决策，也有可能是错误的，这会让你离成功越来越远。

小林进入公司两年了，可是老板一直不给他加薪。一天开完会后，小林大发雷霆，向周围的同事历数自己为公司立下的汗马功劳，认为公司不给他加薪是愚蠢的行为。说到激动处，竟连老板的一些不为人知的毛病也抖了出来。第二天，小林就被请出了公司。

小林或许不知道，大部分的老板对那种说话冲动、做事不计后果的员工较为反感。相反，他们会比较关注那些性格冷静、办事周到的人。简单地说，员工的冲动、率性而为，通常会产生不良的后果。要知道，员工的前途掌握在老板的手中。

小李是一位冲动、率性而为的人。其实，他的心眼不坏，但脾气说来就来。发脾气时，他总是不管对方是什么人，发生的是什么事，只要他觉得不满意，牢骚的话就会脱口而出。

一次，他和同一个小组的阿兵负责做一份市场调查，但其中的一组数据出现了错误，原因是阿兵没有检查到位。因此，小李他们这个小组受到了公司的批评，而且被扣除了当月的奖金。

小李知道这件事后，怒气冲冲地找到主管说："数据错了，应该由阿兵一个人负责，你凭什么扣除我们小组其他人的奖金？我要去找总经理，为自己讨回公道。"说完，他把手里的报纸狠狠地扔到了主管的面前。

第二天，小李就接到了公司的解雇书。

毫无疑问，小李被"炒鱿鱼"与他冲动、率性而为的性格有直接的关系。因为他不知道主动控制自己的情绪，对所有事都率性而为，完全不顾后果。这次，他为自己的任性付出了沉重的代价。

小李因为过于冲动，丢失了一份很好的工作，而付出这样的代价，其实根本就不值得。其实，只要他说话稍微缓和一点儿，把自己的情绪控制一下，其结果可能就不同了。所以说，冲动容易让人失去理智，把一点小事当成天大的事儿，怒气冲冲地去指责别人，这种过于夸张的做法会被人视作缺乏理智、难成大器的表现，因而备受轻视。

在生活中，如果你冲动、率性而为，经常因为别人的一丁点儿错误就大发雷霆，不计后果地去指责别人，身边的人就会离你而去。因为，人都是有尊严的，都希望得到别人的肯定、尊重、支持和理解。如果你一味冲动、任性，很容易刺伤别人的自尊心。一旦他们不能容忍，冲突和矛盾就会产生，感情也更容易破裂，最后，你可能成为孤家寡人。

小丽长相出众，浑身散发着一种明星的气质。她刚到某公司做文员时，大家见她身材高挑、容貌靓丽，都笑着说："你来做文员太屈才了，你可以去做电影演员啊！说不定更有前途！"

事实上，小丽不仅做过演员，而且曾与一个非常重要的角色失之交臂——那是一个可以令一名默默无闻的女演员在一夜之间红得发紫的角色。

那么，小丽是怎样错过这个可以让她成名的机会的呢？当时，导演挑女主角，挑来挑去，最后只剩下两位候选人——小丽与那位日后走红的女主角。论外形和气质，这个角色非小丽莫属，导演是偏向于小丽的，因此和剧组的人多次商量要用她。但是，导演的这一做法引起了另外一位女演员的不满，她常常当众诋毁小丽，认为小丽不如自己。

一贯冲动、率性而为的小丽咽不下这口气。于是，她一怒之下退出了竞争，说自己不当这个女主角以后也一定能红火。但后来，她这冲动、率性而为的性格，使她频频失去可以施展才华的机会。到现在，竟偏离了自己真正的人生轨道，从事着自己并不喜欢的职业。

如果小丽当初不率性而为，那么，今天她可能已是一位很有名气的影星了，但是冲动使她失去了成功的机会，到最后只能做自己不喜欢的工作。可见，机会是不等人的，任何时候的冲动和率性而为都要付出代价。

那么，我们该怎样克服冲动、率性而为的习惯呢？两个字：叫停。当自己忍不住想去做某件事，而后果却会很严重时，不妨先"叫停"，让自己有机会冷静思考一下这样做是否值得。养成"叫停"的习惯，你就可以逐渐改变率性而为的性格。如此一来，你就能调整好自己的心态，你的沮丧、痛苦和生气的程度也会大大降低。

在愤怒的时候试着转移注意力

什么事情能抓住你的注意力，你的内心就会经历什么事情。如果你感到生气，你的大脑就会将注意力从其他事情上转移到你的愤怒上来。所以说，愤怒是一种有很强干扰性的情感。情感越强烈，你的大脑就被它吸引得越厉害。但是，如果你能够在愤怒的时候转移注意力，那么你的怒火将很快平息。

有位老太太是带小孩子的高手，她把一个脾气很倔的小女孩治得服服帖帖。

有一次，这个小女孩的爸爸向老太太请教育儿秘诀，老太太告诉了他一个有意思的小故事。

古时候的人们，都利用脚力极佳的骡子来驮运笨重的货物。

骡子的体力虽然好得不得了，但也有着一项要命的缺点——脾气倔。

一头骡子若是扭了性子，它的四只脚便会像上了钉子一样，固定在地面上，一动也不动。无论主人怎样使劲鞭打，骡子还是坚持它固执的脾气，一步也不肯向前走。

当骡子闹脾气时，有经验的主人不会拿鞭子打它，那样只会让情况更加严重。主人会运用智慧，很快地从地上抓起一把泥土，塞进骡子的嘴巴里。

这位父亲好奇地问："骡子吃了泥土，就会乖乖地继续往前走了？"

老太太摇头道："不是这样的，骡子会很快地把满嘴的泥沙吐个干净，然后，在主人的驱赶下，才会往前走……"

这位父亲又诧异地问道："怎么会这样？"

老太太微笑道："道理很简单，骡子忙着处理口中的泥土，便会忘了自己刚刚生气的原因。这种塞泥土的做法，只不过是转移它的注意力罢了！这个方法用在骡子身上有效，同样也适用于你那个脾气像骡子一般的小女儿。"

人可以有意识地转移自己的注意力，也就是说，在任何特定的时间里，人都可以将大脑的注意力转移到其他地方。因此，在非常愤怒的时候，我们可以选择转移自己的注意力。转移注意力，可以从以下几点做起。

第一，离开让你产生愤怒的环境。对大多数人来说，愤怒是有环境性的，如果某时某地的某件事情让你愤怒，那么这种情感本身就容易和这种环境联系在一起。只要你继续待在那个让你生气的环境中，你就很可能继续生气；如果你离开那种环境，就有可能消气。所以，离开愤怒的环境可以阻止它对你的控制。

第二，停止思维反刍。当你在事情过后还不停地对某个让你愤怒的事件左思右想时，你就是在进行思维反刍，而思维反刍肯定使愤怒变得更强烈。面对这种情况，你可以尝试"思绪叫停"的方法。当你意识到自己正在进入翻来覆去地进行愤怒回想的状态时，你就要大声地对自己说"停"！然后把注意力转移到别处。不断地重复这个字，直到你不再想烦心的事情为止。

不生气，你就总能赢

第三，利用意象想象化解愤怒。意象想象就是在头脑中创造出一种情景，利用这种内在的意象来克服愤怒。所以，愤怒时，闭上眼睛，想象自己在做一件非常感兴趣的事情。

杰是一家公司的老总。由于公司越来越大，需要他操心的事情越来越多，让他愤怒的事情也越来越多。有一天，一个心理医生建议他利用意象想象来化解自己的愤怒。

从此，在他上班的任何时候，只要他觉得自己愤怒了，他就会对自己的秘书说："我要去钓鱼了！"

然后他就坐到办公室的沙发上，闭上眼睛，开始"钓鱼"——他想象着自己晒着太阳，吹着清风，呼吸着清新的空气在钓鱼。大约十分钟后，杰的愤怒就会消失得无影无踪了。

等到你成功转移你的注意力时，你就会发现，你发怒的次数越来越少，引起你愤怒的事情也越来越少。

在动怒时，要学会适度宣泄

生活当中，人们时常对一些不公平的事表示愤怒。大怒之下，往往会导致身心受损。如果怒气在胸，就会有种不明的压力，使你情绪不稳、心神不安，整天恍恍惚惚。在这种精神状态下，不仅会导致工作效率大大降低，还有可能出现差错和事故。

现代医学认为，人在发怒时，体内的肾上腺素含量显著增高，交感活动性物质增加，会诱发肾素——血管紧张素增加，促使小动脉收缩痉挛，致使血压升高。同时，发怒会使人体内去甲肾上腺素含量增高，导致心跳加快，耗氧量增加；冠状动脉痉挛；心肌缺血；心绞痛；心律失常；等等，还可以使人的食欲降低、消化不良，消化系统功能紊乱。总而言之，愤怒对你是有百害而无一利的。

一次小王因家务事与丈夫发生了争吵，由于语言过激，两人互相打斗起来。小王一怒之下背过气去，丈夫见状急忙收手，惊呼救人。小王在众人手忙脚乱的救治下，总算缓过这口气来。可是她因此落下了终身无法治愈的毛病——一生气就手脚抖动，给自身及家庭生活造成了意想不到的不便和危害。像小王这样无节制地动怒，给自己招来无妄之灾，值得警惕。

发怒既对自己身心有害，也对他人有害，那么是不是一定要把怒火压在心底呢？当然不是。发怒固然有损健康，但怒而不宣同样对健康无益。英国一位权威心理学家认为，积贮在心中的怒气就像一种势能，若不及时加以释放，就会像定时炸弹一样爆发，还可能酿成大祸。将心中的不满坦率地讲出来，可找知己好友倾诉；写信、写日记，使怒气在字里行间得到排解；到室外打球、跑步、爬山、呼吸新鲜空气，让怒气与汗水一起流淌出来；还可通过情绪转移的方式，如欣赏音乐、戏曲，以求得心理平衡。

但是，容易动怒的人们，光知道如何排解怒气还是不行的，最主要的是知道如何让自己制怒，尽量让自己不发脾气才是上策。

这就要有一颗包容的心，事事宽解为怀。以海纳百川的胸怀宽以待人，才能让自己心态平和，心胸开阔，心里永远充满阳光。

曾经有位医生在替一位企业家诊疗时，劝他多多休息。这位病人愤怒地抗议说："我每天要承担巨大的工作量，没有一个人可以分担一丁点儿的业务。大夫，您知道吗？我每天都得提一个沉重的手提包回家，里面装的是满满的文件呀！"

"为什么晚上还要批那么多文件呢？"医生讶异地问道。

"那些都是必须处理的急件。"病人不耐烦地回答。

"难道没有人可以帮你的忙吗？助手呢？"医生问。

"不行呀！只有我才能正确地批示呀！而且我必须尽快处理完，要不然公司怎么办呢？"

"这样吧！现在我开一个处方给你，你能否照着做呢？"医生说道。

病人听完了医生的话，读了读处方——每天散步两小时，每星期空出半天的时间到墓地一趟。病人诧异地问道："为什么要在墓地待上半天呢？"

"因为……"医生不慌不忙地回答，"我是希望你四处走一走，瞧一瞧那些与世长辞的人的墓碑。你仔细思考一下，他们生前也与你一样，认为全世界的事都得扛在双肩上，如今他们全都长眠于黄土之中，也许将来有一天你也会加入他们的行列。我建议你站在墓碑前好好地想一想这些摆在眼前的事实。"

医生这番苦口婆心的劝谏终于敲醒了病人的心灵，他依照医生的指示，放缓生活的步调，并且转移了一部分职责。他的心已经平和，也可以说他比以前活得更好，当然事业也蒸蒸日上。

因此，在动怒时，要学会适度宣泄。有人说"眼泪吞进肚里并不会自生自灭，积累久了它就会在心里泛滥成灾"。从心理学的角度来看这句话不无道理，因此，一定要找到一个合理的方式排解负面情绪，否则长时间积累起来就容易演变成心理问题或心理障碍。

生活中，有很多不愉快的事情，靠的是我们用正确的心态去对待，同一事物从不同角度去看，就会得到截然相反的两个答案。所以，平时多思考，让自己拥有一个平和的心态，也让自己不轻易动怒。

越愤怒越要保持冷静

有位哲人曾经说过：面对愤怒时，忍住一分钟。当忍了一分钟后，你就能忍三分钟；忍了三分钟，就能忍十分钟……这样的忍耐过后，人就会变得心胸开阔。而在愤怒时保持冷静，用温和的姿态去对待让你愤怒的人，你就占了上风，在不知不觉间以守为攻，后发制人。而这样的效果，要比马上发怒好得多。

唐高宗李治当政时期，许多官员不满武则天干政，便联名上书皇帝，要求废除皇后。李治在重压之下，不得不同意他们的要求。当上官仪拿着李治颁发的废除武则天的圣旨，准备向武则天宣读时，武则天没有惊慌，更没有愤怒，而是用平静掩饰着内心的怒火，

·不生气，你就总能赢

用哀怨可怜的声音感染了李治，从而救了自己一命，还借机扳倒了上官仪。

当时，李治和上官仪同行到武则天宫中，准备宣读废后诏书。武则天看着上官仪说："哟，上官大人也来了，今天是有事吧？您先坐吧。"武则天盯着上官仪的眼睛，目光寒冷，却笑容满面。上官仪干咳了几声，望着李治，想以此来告诉李治，不能心软。

"上官大人手里拿着的是什么东西呀？"武则天问道。

上官仪看了一下皇帝李治，可是李治什么话也没说，他只好敷衍道："是一本书。"

"书？"武则天一愣，再次凝视着上官仪。

上官仪一直躲避着武则天的目光，武则天心里就明白了八九分。她问上官仪："您那本书能让我看看吗？"

上官仪乞求似的望着皇上，李治却一声不吭。上官仪只好把诏书递给武则天。

武则天拿过诏书，看也不看一眼，转而对身边的女儿小太平公主说："我今天要考考你，你把这本书念给我听。"

小太平接过诏书，磕磕巴巴地念了起来："什么什么……野心……伪临朝武氏，性非温顺，什么妖媚惑主，残害忠良，什么屠兄……母后，孩儿不认识。"

武则天强压住怒火："太平，就念最后一句吧！"

"废皇后……"

武则天把诏书拿了过来，看了看。对上官仪说："您真不愧是大唐的头号才子，文章写得非常漂亮。"说着说着，她眼中就充满了泪水，却在心中另谋后路，计划该如何后发制人、反败为胜！

"皇上，您是明天上朝宣旨，还是现在就宣了？"面对满腹冤屈的武后，李治就像泄了气的皮球一样完全垮了。第二天在朝堂上，李治比平常更显威严地坐着，武则天一如往日，依然目光祥和，笑脸迎人，只有上官仪没有到。

原来，上官仪被流放了，理由是他与原太子李忠密谋造反。

试想一下，如果武则天在看到上官仪手中的圣旨时大吵大闹，或破口大骂，那么只会坚定李治废除她的决心。但武则天是聪明的，她选择了不哭不闹不生气，用情去感动李治那颗摇摆不定的心。她充分利用了自己的智慧，使事情朝着有利于自己的方向发展。而这一结果的出现，则源于她能够在关键时刻抑制愤怒，平衡自己的情绪。

生活中，我们要学会越愤怒越冷静。冷静下来，你才能更加透彻地剖析事情的起因与发展，从中找到有利于自己的因素，后发制人。愤怒时，人容易激动，思考的空间就少了，这样就容易失去理智，意气用事，酿成大错。

愤怒所带来的后果是难以预料的，我们一定要善于控制自己的愤怒，以免做出让自己后悔的事情。如果你是一个易愤怒却不善于控制的人，建议你学着写"愤怒日记"，记下你每次发怒的情况及引起你发怒的事情，标明生气的程度，并在每周做一个小结，这会使你认识到，什么事情会经常引起你的愤怒，并找到处理愤怒的合适方法，从而学会正确地疏导自己的愤怒。

给怒火装个"闸门"

很多人遇到不愉快的事情，就去怪罪别人，抱怨别人的错误，很少有人能检讨自己，因为怪罪别人往往比检讨自己更加容易。但是，经常怪罪别人会让身边的人远离你，使你最终成为孤家寡人。

小陈是一家销售公司的员工。在公司里，她精明能干，常帮助经理制订销售计划，自己的销售业绩也在公司里名列前茅。但是，小陈总是处理不好与同事的关系，其原因就是她经常发脾气，一有错误就怪罪别人。

小陈心情好的时候，会和同事们说说笑笑，一起上街购物。可是如果哪位同事没照顾到她的情绪，或无心说了句什么话，小陈就会莫名其妙地板起脸，转身就走，或者毫不留情地把同事数落一顿，从来没有想过自己是否有错误。

日子一久，同事们都渐渐地疏远了她，不愿再和她交往了。

其实，发脾气是人们对客观事物不满而产生的一种情绪反应，是由外在的各种刺激所引起的，就如上述例子中的小陈。但是，这些事情在别人看来都是微不足道的，也不值得生气。所以，我们应该多控制自己的情绪，学会自我检讨。只有这样，才会发现生活的美好。

一位哲学家曾经问学生：如果你同时养了猫和鱼，但是有一天你出门，回来后发现鱼被猫偷吃了，你觉得应该怪谁？

毫无疑问，几乎所有的学生都埋怨猫。

哲学家笑了笑："猫当然有责任，但除了责备猫，你更应该责备你自己。猫吃鱼是它的本性，你明知猫会偷吃鱼，却不做任何防范，导致了事故的发生。所以，事情的责任完全在于你。同样的道理，你明明知道人性有弱点，却不加防范，因此，当你吃亏后，不要埋怨别人，应该检讨自己。"

这个故事看起来非常简单，但所涉及的哲理可以让人受用一生。因为，当我们遭遇失败或者不顺心时，就会努力为自己开脱，将原因归结为他人或者环境，而不会从自己身上找原因，因此导致了愤怒的发生。如果你能从自己身上找原因，其结果就会好得多。

小言是某商场的营业员。一天中午，小言遇到一位女顾客来退衣服。这件衣服的衣角上面有明显的折痕，显然是营业员没有注意到衣服存在瑕疵，就把它卖给了顾客。

顾客的情绪非常糟糕，她粗声粗气地说："你们商场出售的是什么衣服，这么大的瑕疵也没有注意到，我要退货。"

恰好，这位顾客买到的衣服已经超出了"七天内退货"的时间，按规定是不能退的，只能换一件。

女顾客不依不饶，一定要把衣服退掉，不论小言怎样道歉，怎样劝说都不管用。为了不使争吵继续下去，小言便温和地对那位顾客说："非常对不起，这件衣服卖出去是商场的失误，也是我的失误，但是，衣服已经过了退货的时间，按规定是不能退的。可是如果您执意要退，那您干脆卖给我好了。"

就在小言要掏钱的时候，女顾客的脸红了，终于同意换一件衣服。

显然，小言的自我检讨方式起到了良好的作用，让那位女顾客的怒火得到了平息。这就是自我检讨的力量。

其实，发脾气既伤害自己又伤害别人，同时也向身边的人传递着缺乏修养、气量狭小或情绪不健康的信息，因此，我们应当努力克服和避免发脾气。

世界上从不发脾气的人恐怕是没有的，但不为一些琐事发脾气几乎所有人都能做到。要做到不为小事发脾气，最重要的是加强文化修养，拓宽自己的心胸，不要计较区区小事，要培养容人之量，学会理解，学会谅解，学会容忍，学会控制，多检讨自己，少怪罪别人。

生活中，胡搅蛮缠的人有很多，他们也有让人愤怒的本领，但如果你此刻发怒，只会让场面更加失控。为了不让事情朝着坏的方面发展，你要做到以下几点。

第一，放慢说话的速度。遇到引人愤怒的人和事时，多做几次深呼吸，并与他人逐字逐句地讲话，以平息上升的"火气"，而你放慢了说话的速度，就可以达到制怒的目的。

第二，学会逆向思考。即朝引起发脾气的导火线的相反方向去思考。这样，就能较客观、较宽容地去看待问题和对待人，避免发无名之火。

第三，控制自己的行为。发脾气常常是因为对客观事物产生了不满的情绪。因此，我们要学会控制自己的行为。在发脾气时，可以主动和父母、同事交流思想，向亲人倾吐自己的苦闷，或者采用写书信、写日记的办法，以达到调节心境的目的。同时，不要在生气的时候做出任何决定。

第四，接受别人的劝告。一般来说，一个人在发脾气时，自控力减弱，就会难以控制自己的嘴巴与行动。而此刻，别人的劝告可以缓解你激动的情绪。因此，在关键时刻，你要接受别人的劝告，给怒火装个"闸门"，以免事情偏离预定的轨道。

在愤怒时不要做任何决定

人在愤怒时，很难理智与客观地看待问题和处理事情，做出的决定也常常是轻率的。这些决定，可能让你后悔终生，也可能让你丢失生命中最宝贵的东西。

一群喜爱打猎的人相约去打猎。他们一大清早便出发了，可是到了中午仍没有任何收获，大家只好闷闷不乐地返回帐篷。

可是，有位猎人很不甘心，他带上了皮袋、弓箭以及心爱的飞鹰，独自一人走回山上。

烈日当空，猎人沿着羊肠小径往山上走，一直走了几个小时。猎物没有看到，却越来越口渴，又找不到水源。

后来，他来到了一个山谷，见有水滴从上面流下来。猎人非常高兴，从皮袋里取出金属杯子，耐着性子用杯子接流下来的水。

当接到七八分满时，他高兴地把杯子拿到嘴边，这时，一阵疾风猛然把杯子从他手里打了下来。猎人非常气愤，抬头看见自己的爱鹰在上空盘旋，却又无可奈何，只好重新拾起杯，继续接水。

当再次接到七八分满时，他的鹰又飞过来把水杯弄翻了，猎人愤怒到极点，生了报复之心。猎人一声不响，从地上捡起水杯接水。当又接到七八分满时，他悄悄取出利刀，握在掌心，然后把杯子慢慢往嘴边移近。老鹰再次向他飞来，猎人迅速拿出利刀，把鹰杀死了。

这时，猎人心想既然有水从山上流下来，上面也许有蓄水的地方，可能是湖或是泉。于是，他忍着口渴，拼尽力气往山上爬。几经辛苦，他终于攀到了山顶上，那里果然有一个蓄水的池塘。

猎人兴奋极了，立刻弯下身子，想要喝个饱，却忽然看见池塘中泡着一条毒蛇的尸体。

这时，猎人才恍然大悟："原来飞鹰几次打翻我手中的水，我才没有喝下受了死蛇污染的池水。这次是我做错了。"

为什么会发生这样的悲剧？这是因为猎人被强烈的愤怒击溃了理智，以致忽视了最基本的判断与核实的步骤。这也是一个人在愤怒时做出决定的后果。

的确，怒气就像炸弹一样，一旦这枚炸弹被引爆，后果将不堪设想。同样，在这种情况下做出任何决定都有可能失去理性，从而给自己带来无可挽回的损失。

有一对夫妻很恩爱，生活却很贫困。他们都认识到了自己的责任与压力，于是男人决定出去打工赚钱，以使妻子过上富裕的生活。男人背上简单的行李，在几次碰壁后来到了一个庄园工作，他从不偷懒，对工作兢兢业业，因为他要攒够钱让妻子过上幸福的生活。

一晃 20 年过去了，男人赚的钱足够让妻子过上好日子了。于是，他决定回家。一路上，男人都怀着喜悦的心情。但是，到家后，他远远地看到一个男子伏在妻子的膝上，而妻子还抚摸着他的头发。

看到这种场面，男人很愤怒，他火冒三丈，想亲手杀掉他们。但是，他记起了临走时庄园主人送给他的一句话：遇事一定要保持冷静。于是，他渐渐冷静下来，他想妻子这些年也不容易，既然她选择了另一个人，那么就应该祝福她。所以，男人打算对她说句祝福的话，然后离开。

第二天，男人回家了。妻子见到他回来了，非常兴奋，而他却平静地对她说："祝你幸福。"妻子不明白他为什么这样说，于是他问妻子为什么背叛他。妻子惊讶地说："我没有背叛你！"男人问："昨天和你在一起的那个男人是谁？"

妻子明白了，说："那是我们的儿子。你走时我就怀孕了，怕你担心，没有告诉你，儿子现在已经20岁了。"说完，她把儿子领到了男人身边，正是昨天伏在妻子膝上的男子。

此时男人心里真是五味杂陈，暗自庆幸昨天没有冲动，否则他将亲手毁了自己的幸福。

如果这个男人在愤怒时把妻子和儿子杀害了，那他将悔恨终生。万幸的是，男人控制住了自己的愤怒，事情也得到了圆满的解决。所以，愤怒的时候一定要学会思考，否则，将犯下不可弥补的错误。

人是感性动物，生活在爱恨情仇的交织中，而人生又处在不断的选择之中，有些选择或许无关痛痒，有些选择却事关全局；有些失误可以尽力弥补，有些却无力回天。因愤怒而做出错误决定，在每个人身上都发生过。如果你没有被那错误的决定伤害，你就要感到庆幸。但幸运并不会永远垂青于你，所以要想让自己的一生都不偏离轨道，就请记住这句忠告——在愤怒的时候不要做任何决定！

别让愤怒蒙蔽你的双眼

当我们发怒时，情绪就会蒙蔽我们的眼睛、干扰我们的理智、混乱我们的思维、动荡我们的心灵，使我们的身心处于一种非正常的状态，从而做出与我们的真实想法背道而驰的选择。这种选择，足可以让我们毁灭。

公元前203年，是楚、汉相争的关键时刻。西楚霸王项羽为了打通粮道，解决军中严重缺粮的问题，决定东击彭越。

项羽在临行之前，把大司马曹咎叫到跟前，嘱咐他无论如何要在半个月的时间内守住成皋，等他回来再和汉军决战。项羽走后的前几日，曹咎尚能记住项羽的交代，任汉军怎么挑衅，都坚决按兵不动。

久而久之，曹咎禁不住汉军的激将法和诱敌计，受不了汉军越来越升级的辱骂，最后被愤怒冲昏了头脑，置项羽的命令于不顾，贸然率军离城出战，结果在兵渡汜水时中计，导致大败，而他自己也畏罪自杀了。

成皋失守后，汉军掌握了战场主动权，项羽的败局就此确定。

大司马曹咎被激怒后的冲动，使他忘记了自己的职责与使命，忘记了当前的目标与任务，最终在错误的心态下做出了错误的决策。这一决策，不仅使他丢失了守卫的重镇、丢掉了自己的性命，更丢弃了一个王国的历史机遇。如果曹咎能够稍微忍耐一下，其结局就会有很大的不同。

由此可见，一个人被激怒的时候，也正是他心理防线最脆弱的时候。此时，一点风吹草动就能令他彻底失去判断的能力而全线崩溃。所以说，如果你想要做出一番事业，首先就要学会制怒，遇事先冷静地思考，千万不要冲动，以免陷入他人布下的陷阱。

有一位运动员曾经多次带队参加全国和国际性的比赛，并取得了好成绩。为此，国家体育管理部门曾给他记功授奖，省里还曾选他为"十佳运动员"。

这位运动员有一位温柔漂亮的妻子，但他只顾着自己的事业，长年奔波在外——参加训练和比赛，对家庭照顾极少，忽略了妻子的感受。妻子要上班，又要一个人带孩子、做家务，经常忙得焦头烂额，难免责怪丈夫不体贴。久而久之，夫妻间的感情裂痕慢慢扩大了。

后来，他的妻子认识了一位做汽配生意的老板。这位老板为运动员妻子的美貌所倾倒，就对她大献殷勤、关怀备至。就这样，运动员妻子的理智防护堤决口了，她与这位关心自己的老板走到了一起，而此时运动员正在外地比赛。

比赛归来后，毫不知情的运动员见妻子对自己很冷淡，禁不住怒火万丈，他冲着妻子怒吼道："你是不是变心了，不想跟我过了？"

妻子也毫不示弱地回敬道："我就是看上别人了，就是不想跟你过了，怎么样？"

运动员在盛怒之下，给了妻子一记重重的耳光。最后，他们选择了分手。

有一天，运动员决定回去看看前妻和孩子。他到了前妻住的地方，刚好撞上了前妻和那位老板在一起。

按道理，此时的他已没权利去干涉前妻的个人感情，但这位运动员已被心中的怒火烧得失去了理智。他指着那位老板的鼻子问："你是谁，深更半夜到这里来干什么？我的家就是你毁的吧……"

那位老板很得意，说话也不太客气。此时，运动员再也控制不住满腔怒火，他大吼一声，抢起拳头就朝那位老板脸上击去，接着又是两拳，打得他五官喷血，瘫倒在沙发上。老板被送往医院后，不治身亡。而运动员自己也要承担故意杀人的罪行。一位事业如日中天的运动员，此刻失去了所有的光环，变成了一个杀人犯。

从这位运动员的悲剧中，我们应该懂得这样一个道理：遇事一定要冷静。不管别人对你多不礼貌，不管别人说的话有多难听，你一定要控制住自己的情绪。因为愤怒一旦控制了我们的情绪，理智就会完全丧失，人们就会不计后果地做出一些愚蠢的事情来，给他人也给自己带来伤害。

但是，如果愤怒能够被有效引导，这种情绪就可以转化为强大的力量和顽强的斗志。沙场上的战士，只有怀着对敌人的无比仇恨，满怀义愤地投入战斗，才能不畏惧强敌，不顾虑生死，在勇猛作战中博取胜利；事业上的智者，只有把自己的愤怒转化为奋力工作、致力超越的坚强意志和坚决行动，才能使自己既不为愤怒所伤害，又能在证明自我的过程中妥善解决引发愤怒的症结。

另外，我们要知道，被别人激怒后，抑制自己的愤怒并不能从根本上解决问题。因为，在抑制愤怒的过程中，能量会消耗殆尽，你的心理也会严重受挫。

要想解决这一问题，最好的办法就是不被激怒，时刻保持冷静和宽容，面对别人的愤怒不要多想，因为他的愤怒并不是针对你。

而当你换一个角度去思考时，就会发现，理智地对待别人的每一句话，不被激怒，你就能让自己保持冷静。所以，在某些时候，不要太在乎他人的感受，也不要误入他人的情感圈套，被他人利用。

忍一时之气，免百日之忧

从某种意义上说，忍耐是美好人生的一种策略，忍一时之气，可免百日之忧。忍耐是一种弹性前进策略，就像战争中的防御和后退，有时恰恰是赢得胜利的一种必要姿态。

汉高祖刘邦去世后，吕后临朝称制。

匈奴单于冒顿本已很轻视刘邦，现在一妇人上台执政，他更加肆无忌惮，便想挑起战端。他派使者给吕后送去一封信，信上说："孤独苦闷的君王，生于荒野大泽之中，长于旷野牛马蕃育的区域，多次到达边境，希望能游览中国。陛下独立，孤独苦闷孀居。两位君主都不高兴，也没办法让自己快乐起来，希望以我的所有，换你的所无。"

吕后见信后勃然大怒，于是，她召集群臣商议，要大举讨伐匈奴以雪此辱，以泄此恨。

吕后的妹夫樊哙率先请命道："我愿带十万人马，横行匈奴之中。"

吕后大喜，季布却怒声叱道："樊哙理应斩首。"

朝堂上的人都吓了一跳，季布撞邪了吧，竟要斩元勋国戚。

季布接着说："当年高帝率三十万精兵讨伐匈奴，却被围困在平城七日七夜。那时樊将军也在军中，却无计可施。今日为何就能以十万人马横行匈奴之中呢？这不过是当面阿谀陛下，犯了欺君之罪，按律当斩。"

樊哙无言以对，其他众将也纷纷附和说，以高帝之英武，尚被困于平城，匈奴势力强盛，委实不宜挑起战端。

吕后见众将意思一致，回头细想也确实如此，便忍下这口恶气，退朝回到宫内，不再提讨伐匈奴的事了。

过后吕后为安抚单于冒顿，居然放下架子卑词婉约地写了一封和解信，说："单于不忘我中国，赐给书信，我等国人都很恐惧，我自思自忖，身体老迈，气息也衰弱，牙齿也脱落得差不多了，走路的步子都不均匀，单于听信了传言，我实在不足以使您自污。我国无罪，应在您赦免之列。我有自己坐的车两辆、马八匹，送给您平时乘坐。"然后她派宦官张泽送去。

单于冒顿原以为汉朝一定会倾竭国力攻击自己，所以严加戒备，没想到等来的却是这般礼遇。再想想，如若自己与汉硬拼，实在占不得什么便宜，便派使者送给吕后好马，回信说："我生长荒野，没听过中国的礼仪，多亏陛下赦免了我。"便又和汉朝和亲。

吕后性格刚毅、心狠手辣，汉初三大功臣有两位直接死在她手上，即韩信和彭越。然而面对匈奴单于的侮辱和挑衅，她不但采纳了众将的意见，忍住怒气了，而且以谦卑的姿态回了一封信，倒使得冒顿心生惭愧，回信谢罪，并达成了和亲。吕后执政时边塞无事，民众得以休养生息，就是因为吕后能够忍下单于之气。

王林从单位辞职以后来到深圳打工，他在一家私人企业做了几天文员后，就被解雇了。过了一段时间他仍然没有找到工作，已经到了山穷水尽的地步。

一天，他身无分文，坐在街心公园歇息。忽然间想到这里还有一个老乡在某报社做编辑，于是他强打精神去找那个老乡借钱。他好不容易找到了那位老乡，但老乡一见他的狼狈样就知道是来借钱的，于是故意装作没有看见他。在王林小心地打了招呼后，老乡才问他有什么事。于是王林更加小心地讲明了自己的困境。

老乡不耐烦地掏出 10 元钱扔在桌子上，说自己今天身上没有多带钱并且马上要出差。

王林知道这是在下逐客令，心里气急了，真想把那 10 元钱抓起来砸在对方的脸上。但现实的残酷让他强压住怒火，拿起那

10元钱，默默地转身走了。

王林先用2元钱买了1斤馒头，然后用1元钱买了1支圆珠笔，用2元钱买了一叠稿纸。他待在自己租的房子里，用了一天一夜的时间写了4篇反映自己打工经历的稿子，次日早上亲自将这些稿件送到一家专门发表打工者故事的杂志社。负责该栏目的编辑看了稿件后决定4篇都采用，并先付给王林一半的稿费。

拿着这些稿费，王林维持了一段时间，并在此期间找到了一份工作。

事物总是在不断地运动和变化，机会存在于忍耐之中。对于垂钓者来说，最好的进攻方式就是忍耐。大机会往往蕴藏在大忍耐之中，所谓"天将降大任于是人也，必先苦其心志，劳其筋骨，饿其体肤……"就是这个道理。大丈夫志在四方，岂可为鸡毛蒜皮的小事而误了大谋！

春秋末期最后一个霸主越王勾践卧薪尝胆的故事正好诠释了忍耐保全人生的要义——忍耐不是停止、不是逃避、不是无为，而是守弱、蓄势、迂回前进。当命运陷入不可掌控之时，就要心平气和地接纳这种弱势，坚强地忍耐弱者的地位，在守弱的基础上累积实力、发愤图强，使自己脱离弱者的不利地位，并适时出击，争取赢得新的成功机会。

不生气，你就总能赢

切莫感情用事

处世经典《增广贤文》上说："酒是穿肠的毒药，色是刮骨的钢刀，气是下山的猛虎，怒是惹祸的根苗。"愤怒就像决堤的洪水那样淹没人的理智，让人做出不可思议的蠢事，甚至招来杀身之祸。

张飞脾气暴躁，常常因为一点小事而大动肝火。当他得知关羽败走麦城而丧命时，旦夕号泣，血泪衣襟，愤恨不已，发誓定要血刃仇人。

张飞下令军中限三日内置办白旗白甲，三军挂孝伐吴。次日，两员末将范疆和张达告诉张飞："白旗白甲，一时无可措置，须宽限时日。"

张飞大怒，喝道："我急着想报仇，恨不得明日便到逆贼之境，你们怎么敢违抗我的命令！"说罢，便让武士把二人绑在树上，在每人背上鞭抽了五十下。

打完之后，张飞余怒未消，用手指着两人说："明天一定要全部完备！若违了期限，就杀你们两人示众！"

被打得满口吐血的两人到帐中商议，范疆说："今日受了刑责，倒也无所谓，可我们怎能在短短一天内将装备筹措齐备？张飞性暴如火，如果明天置办不齐，你我皆有杀身之祸。"

张达说："张飞爱酒，每日必饮。如果我们两个不应当死，那么他就醉在床上；如果应当死，那么他就不醉好了。"当下商议停当。

当天晚上，张飞又哭又骂，喝得烂醉如泥，卧在帐中，鼾声如雷。范张二人探知消息，心中大喜。

初更时分，两人各怀利刃潜入帐中，摸到张飞床前，突见张飞双目圆睁，躺在床上。两人大惊，刚欲逃走，又听得张飞打起了鼾，但眼睛仍然睁着。原来张飞睡觉时眼睛是睁开的。

两人不再犹豫，斩下张飞的首级，骑快马星夜逃奔东吴去了。

西方有句经典谚语："上帝要想让他灭亡，必先使他疯狂！"愤怒就像决堤的洪水那样淹没人的理智，让人做出不可思议的蠢事。

愤怒不能随心所欲

梁实秋说过："血气沸腾之际，理智不太清醒，言行容易逾分，于人于己都不宜。"富兰克林也曾说过："以愤怒开始，以羞愧告终。"《圣经》里也说："可以激动，但不可犯罪。可以愤怒，但不可含愤终日。"这就告诉我们要把握愤怒的度，愤怒要有底线，不可无顾忌地发怒，否则于人于己都不利。

我们都知道，愤怒往往是由于自己受到比较大的伤害，或者原本希望用理性的方式表达愿望，但在失望之后，才不得已采取了愤怒的方式。当然，社会允许你在一定范围内发泄情绪，也就是说愤怒是有底线的，因为极端的愤怒不是伤人就是伤己，有时还会造成两败俱伤的局面，它还会干扰人际关系，影响个人的思维判断，造成不可控制的后果。因而，正确理解愤怒的限度，才有可能把愤怒的苗头消灭在萌芽状态，特别是在愤怒发生时，正确地引导从而消解愤怒，解决矛盾，这才是最重要的。

伊凡四世是沙皇俄国的第一任沙皇，因为其残酷的执政手段，他被后人称为"恐怖的伊凡"，他同样也将这种恐怖的手段施之于平民。

在他用军队征服了诺夫格罗德市之后，诺夫格罗德的居民因留恋自己独立开放的文明，他们仍习惯性地与立陶宛人、瑞典人进行贸易。尤其是在城市被侵占之后，这里的居民反抗、逃亡和袭击禁卫军的事件屡屡发生。伊凡知道这个小城市的居民袭击自己的军队之后，异常愤怒。他将其视为挑衅，并不停地咒骂，而且发布讨伐的命令。

他亲率禁卫军和1500名特种常备军弓箭手，于1570年1月2日来到诺夫格罗德城下。他命令士兵们在城市周围筑起栅栏，防止有人逃跑。教堂上锁，任何人不准入内避难。

之后在伊凡所在的广场，每天大约有1000位市民，包括贵族、商人或普通百姓，被带到伊凡面前，不听取其任何的辩护，不管这些人有罪没罪，只要是诺夫格罗德城的人他就对其用刑。鞭打、裂肢、割舌头等各种残酷的刑法他都用尽。很多居民还被扔入冰冷的水里，浮出水面的人，伊凡就命令士兵用长矛将其活活地刺死。这场恐怖的屠杀共持续了 5 个星期，诺夫格罗德城大概有两万多人被屠杀，这场残酷的屠杀在历史上是非常罕见的，也是令人发指和痛斥的。

伊凡残暴不仁，是因为他手中有可怕的权力，这是一个比较极端的例子，但是也能说明不受控制、没有底线的愤怒，就像越烧越烈的火焰一样，直到把身边的一切都烧毁。我们手中没有至高无上的权力，所以我们的愤怒不会大面积燃烧。但是，没有底线的愤怒还是会对我们身边的人造成伤害。

在愤怒的时候，人们往往容易冲动，大脑失去了理智的控制，造成不堪想象的后果。人们也常常用极端的方式来发泄自己的愤怒，以父母批评孩子为例，因为孩子的成绩不好或者表现不佳，父母有时对孩子大打出手，结果孩子不仅身体觉得疼痛，心理上也会受到伤害，他们可能会仇视父母，而且心理上还可能会埋藏下阴影，对其未来的发展非常不利。

因而，在"愤怒"的时候，要善于将愤怒的"冲动"变成"理性"的思考。遇到不平的事情可以愤怒，但是不能表现得太过激烈。激愤的时候要懂得控制自己的情绪，避免出现丑态，更不能恶语伤人，甚至出现暴力等过激行为。由于情绪失控而做出伤害别人的事情，日后要想弥补就很困难了。

第二章

以和气对火气，
路会越走越宽

幽默是化解愤怒的利器

幽默被人们认为是展现个人魅力与亲和力的有效途径，是在进行人际交往时经常需要使用的手段，更是化解愤怒的利器。俄国文学家契诃夫说过：不懂得开玩笑的人，是没有希望的人。可见，生活中的每个人都应当学会幽默。

保罗·纽曼凭借精湛的演技与叛逆的形象，成了好莱坞最受瞩目的男演员。1982年，为了祝贺纽约布鲁克林大学新设电影系，保罗·纽曼特地访问该校，主持了新片《恶意的缺席》的试映会，并参加了学生的座谈。

有一位学生愤愤不平地说："我从收音机听到了这部电影的广告——最后是一场拼得你死我活的枪战场面，可是实际上，片尾非常平静和平，像这种虚伪的广告宣传实在不可行。"

这位学生说得义愤填膺，现场的气氛顿时变得十分紧张。面对这种情况，保罗·纽曼回答说："我完全不知道广播电台的广告内容。"他顿了一下，接着说："不过，下一次的片尾一定会出现激烈的射杀场面。镜头上出现的是：我用枪打死了那位广播电台播音员。"

他幽默的回答引起了哄堂大笑，也化解了影迷的愤怒，更赢得了众多影迷的爱戴。

如果面对影迷的指责，保罗·纽曼用愤怒的情绪表示自己的不满，那么他在影迷心中的形象就会一落千丈。但是，他在这紧张与令人愤怒的场合中，使用了幽默的手段，让令人不快的气氛一下子变得愉悦而轻松，使对立、一触即发的氛围转为和谐与融洽，还使众人心悦诚服地理解、接纳了他。

生活中，我们把幽默当成人与人之间交往的润滑剂，一点也不为过。一个幽默的人，往往在悲苦时会显得轻松，欢乐时会显得含蓄，遇到危险时会显得镇静，被讽刺时不失礼节，孤独时毫不绝望。

美国的著名外交家弗莱彻是一位善于用幽默来化解愤怒的人。

弗莱彻在某次局势紧张之时受命担任驻智利大使，弗莱彻的老朋友把他带到当地一家有名的俱乐部，并把他介绍给俱乐部的老板。这位智利的著名人士没有诚意地和弗莱彻握了握手。当时，他告诉别人："如果弗莱彻以私人身份来智利的话，我会十分欢迎，但我不喜欢他以美国代表的身份来到这儿。"这个人不知道弗莱彻会说西班牙语，接着他又用西班牙语对他朋友说："美国产的东西嘛，连根鞋带我都不屑去买。"

刚开始，弗莱彻一句话都没说。这时，他终于有了机会，他用西班牙语对众人说："诸位，我觉得自己失败了。这世道，改善两国之间的贸易关系就是外交的目的，可我又能做什么呢？我到这儿的第一天，就看见鞋带在这儿已经没市场了。"

拉丁美洲人敏感得很，当他们听到弗莱彻用西班牙语说话时就很惊诧了，而弗莱彻话又说得这么幽默，他们就大笑起来，同时表示十分欢迎弗莱彻来参加俱乐部的活动。

很多时候，人与人交往难免会发生一些摩擦，如果在这种情况下从容地开个玩笑，紧张的气氛就能消失得无影无踪，而且听众会被你的魅力吸引，被你的宽广胸怀感动，最后真正接受你。因为，幽默是一种亲和力，善于运用幽默的人身边不缺乏朋友与支持者，更不缺乏通往成功的路。所以，在与人交往时一定要将自己的卓越气质融入幽默的氛围之中，这样，你才能成为受大家欢迎的人。

如果想在工作、生活中给人留下良好的印象，就请练习幽默，运用幽默的力量来帮助自己。

用自嘲来化解愤怒

自嘲被称为幽默的最高境界。由此可见，能自嘲的人必然是智者中的智者、高手中的高手。

所谓自嘲，就是运用嘲讽的语言和口气戏弄自己、嘲笑自己。说白了也就是拿自身的缺点、弱项，甚至是生理缺陷来"开涮"。然而，从自嘲者的本意来看，又并非只是自我嘲弄，多有"醉翁之意不在酒"的意味。因为，会自嘲的人都能够控制自己的情绪，也善于化解别人的愤怒。

从表面上看，自嘲就是对自己的丑处、羞处不予遮掩、躲避，反而把它放大、夸张、剖析，然后巧妙地引申发挥、自圆其说，博人一笑。善于自嘲的人懂得利用自嘲拉近与他人之间的距离。

一次晚宴中，服务员在倒酒时不慎将啤酒洒到一位宾客光亮的秃头上了。服务员吓得手足无措，主人与所有来宾也目瞪口呆，局面一时十分尴尬。

在这种氛围下，这位秃头来宾却微笑着说："老弟，我的头发已经治疗了许久都没什么效果，难道你以为这种治疗方法会有效吗？"在场的人闻声大笑，尴尬局面即刻被打破了。主人对于这位宾客的大度也十分感激。

这位宾客借助自嘲，既展示了自己的大度胸怀，又维护了自我尊严，消除了耻辱感，也使得自己的形象在所有人的心中更加深了几分。而在场的人中没人会讨厌这样一位有风度、有幽默感的秃头先生。他在举手投足之间利用自嘲，巧妙地为服务员摆脱了窘境，使招待会能愉快地继续下去。

美国的多位总统也善于运用自嘲化解自己的愤怒，拉近与他人之间的距离。

有一次，美国总统里根访问加拿大，在一座城市发表演说。在演说过程中，一群举行反美示威的人不时打断他的演说，作为加拿大的总理，皮埃尔·特鲁多对这种无理行为感到非常头疼。然而，面对这种困境，里根反而面带笑容地对他说："这种情况在美国经常发生，我想这些人一定是特地从美国来到贵国的，可能他们想使我有一种宾至如归的感觉。"听到这话，在场的人和尴尬的特鲁多都禁不住笑了。

有一次，美国总统杜鲁门会见麦克阿瑟将军。会见中，麦克阿瑟拿出他的烟斗，装上烟丝，把烟斗叼在嘴里，取出火柴，当他准备划燃火柴时才停下来，转过头来看看杜鲁门总统，问道："我抽烟，你不会介意吧？"显然，这并不是真心地征求意见。在他已经做好准备的情况下，如果对方说他介意，那就会显得粗鲁和霸道。这种缺乏礼貌的傲慢言行使杜鲁门有些难堪。然而，总统只是自嘲道："抽吧，将军，别人喷到我脸上的烟雾，要比喷在任何一个美国人脸上的烟雾都多。"

自嘲可以化解心中的愤怒，也能让尴尬的场面变得轻松愉快。因此，在生活中，当令人难堪的事实已经发生时，你不要愤怒，而是要运用自嘲来化解你或者别人的愤怒。这样，你的自尊心就能通过自我排解的方式得到保护，不至于失去平衡。

适时适度的自嘲，是一种可以体现自我良好修养的手段，也能制造宽松和谐的交谈气氛，使人感到你的平和与人情味，让你在愤怒时可以有效地维护面子，并达到"灭火"的目的。

因此，从现在开始，在日常生活中，面对那些不顺心的事情、不如意的处境，不妨来一点自嘲，变严肃为诙谐，化沉重为轻松。

面对批评，保持冷静

每个人都有自尊，面对别人的批评，尤其是当着很多人面前的批评时，我们总是感到难堪、紧张，甚至丢掉自己的风度，在自我保护的意识下选择愤怒，用来防御别人。

但是，面对别人的批评时，我们要有客观评价自己的标准，要有自己的主心骨，否则将很难判断别人的批评是善意还是恶意，是正确还是错误。没有主见的人在面对别人的批评时，常常会乱了方寸，不知所措。

晓在一次宴会中认识了一位男士，他们很合得来，分手的时候彼此交换了电话号码，答应保持联络。

回到家，晓给那位男士打了电话，并留了言，但一个星期后她依然得不到回音。她把这事告诉了好友鸣，鸣嘲笑晓是个大傻瓜，说现在的男人都是到处拈花惹草，没有几个是可以信赖的。并告诫她，不要再胡思乱想了。

晓冷静地做了进一步的分析，认为这位男士并不像那种轻浮的人，自己也并不是一个大傻瓜。他没有回电话，也许是因为有事出去了，也许是因为忙得抽不开身。过了一段时间，晓又给那位男士打了一次电话，他们终于联络上了。

事实证明晓的判断是正确的，后来他们俩的关系得到了进一步的发展，成了一对幸福的伴侣。

要是晓因别人的批评而放弃了、断了这个缘分，岂不是很可惜吗？所以说，面对别人的批评时，无论是善意还是恶意，无论是委婉还是直接，无论是温和还是激烈甚至恶毒，都需要认真分析、冷静思考，弄清楚对方的心态与动机，知晓批评者的真实目的与利益导向，而不是本能地愤怒，慌乱地抵抗，毫无目标地迎接挑战或委曲求全，更不需要绕开问题的焦点、设置路障、拦堵封锁等。

美国演讲大师卡耐基先生曾多次讲过一个故事：

很多年以前，在我所办的成人教育班和示范教学会中，多了一个从纽约《太阳报》来的记者。他毫不给我留情面，不断攻击我。我当时真是气坏了，认为这是对我极大的侮辱，我不能容忍，马上打电话给《太阳报》执行委员会的主席古斯季塔雅，特别要求他刊登一篇文章，以说明事实真相，而不是这样嘲弄我。我当时就下决心要让犯错的人受到应得的处罚。

可现在，我还为当时的举动感到惭愧。如今我才了解，买那份报的人大概有一半人不会看到那篇文章；看到的人里面又有一半会把它当作一件微不足道的事情来看；而真正注意到这篇文章的人里面，又有一半的人在几个礼拜后就把这件事忘得一干二净。

卡耐基由此得出一个重要的结论：虽然你不能阻止别人对你做任何不公正的批评，但你可以做一件重要的事，你可以决定是否让自己受到那些不公正批评的干扰。

美国前总统罗斯福的夫人也曾告诉别人她在白宫的行事原

则：避免所有批评的唯一方法就是"只要做你心里认为是对的事——因为你反正是要受到批评的。做也受到批评，不做也受到批评"。

批评虽然让人难堪，但在现实生活中，人们正是通过他人的批评才能了解自己的过错，修正自己的行为。当别人诚心诚意地提出批评时，如果自己不虚心接受，而是盲目地反驳，受到伤害的往往是自己。

虽然有的时候，别人对自己的批评并不一定是正确的，但他的用意却是善良的。这时，你应该对他的这种善良表示诚挚的谢意。这种有礼貌的行为往往被认为是知恩图报，从而赢得对方对自己的信任。

还有些人提出批评时不负责任，甚至就是在恶意攻击别人。

中田是一位善于从别人恶意的批评中获取有利信息的成功商人。一次，他在与一家不知名的山茶制造企业谈进货时，他对对方的茶叶品质没有太大把握，始终犹豫不决。这时，另一位茶叶批发商当着茶叶制造企业经理的面对中田的人格提出了恶意的批评。中田感到恼怒，但敏感的商业意识让他从批评中捕捉到如下信息：即这批茶叶将成为抢手货。于是中田在这批茶叶上猛下功夫，从而获得了丰厚的利润。

面对恶意的批评，一定要保持冷静，因为对方的目的就是要让你紧张，穷于应付，让你大失风度，扰乱你的情绪和思维。你只有保持冷静，才不至于中对方的圈套。同时，冷静地分析对方的意图，常会让人获得意想不到的信息，从而反客为主。

古人说："以铜为镜，可以正衣冠；以史为镜，可以知兴替；以人为镜，可以知得失。"面对批评，我们要有宽阔的胸怀，冷静思考，这样方能从容不迫，应付自如。

不拿别人的错误来惩罚自己

如果你觉得在生活中忍气吞声、逆来顺受是窝囊货，没出息，要敢怒敢言、敢恨敢骂的话，就大错特错了。你要了解，现实中你看不惯、不公平的事实在太多了，你时时生气也是气不过来的。所以，你应该做到"心平气和"。

生气归根结底是一种情绪，它与理智永远是对立的。一个爱发怒的人，常常不等被别人打败，就败给了自己；而保持平和之心的人，则能因冷静与和气，立于不败之地。

有一位妇人，特别喜欢为一些琐碎的小事生气。她知道这样不好，便去求一位高僧为自己讲道说禅。

高僧听了她的讲述，一言不发地把她领到一座禅房中，落锁而去。

妇人气得跳脚大骂，骂了许久，高僧也不理会。

妇人又开始哀求，高僧仍置若罔闻。

妇人终于沉默了。高僧来到门外，问她："你还生气吗？"

妇人说："我只为我自己生气，我怎么会到这个地方来受这份罪。"

"连自己都不原谅的人怎么能心如止水呢？"高僧拂袖而去。

过了一会儿，高僧又问她："还生气吗？"

"不生气了。"妇人说。

"为什么？"

"气也没办法呀。"

"你的气并未消，还压在心里，爆发后会更加剧烈。"高僧又离开了。

高僧第三次来到门前时，妇人告诉他："我不生气了，因为不值得气。"

"还知道值得不值得，可见心中还有衡量，还是有气根。"高僧道。当高僧的身影迎着夕阳立在门外时，妇人问高僧："师父，什么是气？"

高僧将手中的茶水倾洒于地。妇人视之良久，顿悟，叩谢而去。

高僧让妇人知道了，生气只能是自己受罪，完全不能伤害让你生气的人，这样更得不偿失。何苦要气？生气，是拿别人的错误来惩罚自己。

著名石油大王洛克菲勒在某案件中受审时，因为在面对对方的询问时持平和的态度并不动声色地答复，他赢得了这场官司。那个质问他的律师因为无法控制自己的情绪，导致了失误。

"洛克菲勒先生，我要你把某日我写给你的那封信拿出来！"

那位律师用一种很粗暴的声音说。这封信是质问关于美孚石油公司的一些事情，然而那个律师在法律上并无权力去质问这些事件。

"洛克菲勒先生，这封信是你接的吗？"法官问。

"我想是的，法官。"

"你回那封信了吗？"

"我想我没有。"

然后那位律师又拿了许多别的信出来，也照样宣读了。

"洛克菲勒先生，你说这些信都是你接的吗？"

"我想是的，法官。"

"你说你没有回复那些信，是吗？"

"我想我没有，法官。"

"你为何不回复那些信呢？你认识我，不是吗？"那位律师问。

"啊，当然！我从前是认识你的！"

洛克菲勒所答复的这句话如此之明显，以致那位律师气得差不多要发疯了。全庭寂静得毫无声息，而洛克菲勒坐在那里丝毫不移动一下。最后，那位律师被激怒了，不仅提出的问题漏洞百出，其无理的态度也让众人纷纷把天平的一端移向了洛克菲勒。

洛克菲勒正是因为冷静而使自己赢得了官司，所以说，不要因为别人发怒，你便怒不可遏。要知道那正是你应该保持心境平和的时候。

生气是对自己施行的一种酷刑，这种酷刑使自己越来越快地衰老，严重地损害了自己的健康，也导致了许多悲剧的发生。生活中，偶遇的人何其多，我们自身的能力和精力都是有限的，我们能教育好自己身边的人已经不错了，而别人有犯错误的权利，我们也没必要来惩罚自己。

当你想要发怒的时候，应该先想想这种爆发会有什么影响。如果你知道发怒必定有损于你自己的利益，那么你最好约束好自己，无论这种自制是多么吃力。别人犯了错误，你却生气、愤怒，那样根本无济于事，倒不如调节好你自己的心态，让自己每天都拥有一份好心情。

学会应付"难以相处"的人

在生活和工作中，我们常常遇到一些"难以相处"的人。可能有的人总是高高在上，目中无人；有的人则是整天沉默寡言，对你不理不睬；有的人对你的工作吹毛求疵，百般挑剔；有的人浅薄无聊，经常用充满低级趣味的话语对你无休止地骚扰……面对这些，我们应该沉着应对，不能因一时的愤怒而乱了方寸。

美国前总统托马斯·杰弗逊又是一位相马行家，他自己就拥有一匹马中精品。在总统任上公务不忙的时候，杰弗逊总喜欢骑着它到处逛逛。

一天，杰弗逊正在华盛顿附近的一个地方骑马，碰到了一位做马匹买卖的生意人，人们叫他琼斯。

琼斯并不认识杰弗逊，但他那职业性的眼光一下子就被杰弗逊骑的骏马吸引住了。琼斯径直和杰弗逊搭起讪来，紧接着用行话评论起那匹马来，还表示愿意和杰弗逊换马。

杰弗逊礼貌地拒绝了他提出的所有的交换建议。琼斯仍不死心，不停地游说，不断地抬高价钱。

杰弗逊再一次礼貌地拒绝了他，琼斯被激怒了。他开始变得粗鲁起来，但他的粗野行为与他的金钱一样，对杰弗逊毫无作用，因为杰弗逊能够很好地控制自己的情绪，没有人能够激怒他。

最后，琼斯发现这个陌生人不仅不会成为他的客户，而且绝对是个难以对付的人，他便扬起马鞭在杰弗逊的马侧腹抽了一鞭，想使马突然狂奔起来，因为这样会让那些骑术不高的骑手摔下来。

然而，杰弗逊仍然端坐在马鞍上，用缰绳控制着烦躁不安的马，同样也很好地控制住了自己的情绪。

不知不觉，他们骑马进入了市区，最后，他们来到了总统官邸大门前。杰弗逊勒住缰绳，礼貌地邀请琼斯进去。

琼斯听后惊诧不已，问道："怎么，你住在这里？"

"是的。"杰弗逊简洁地答道。

"嗨，陌生人，你究竟叫什么名字？"

"我叫托马斯·杰弗逊。"

琼斯听后，用马刺猛踢了一下自己的马，喊道："我叫理查德·琼斯。"说着，便迅速冲上了大路，飞快地骑马跑了。

此时，杰弗逊总统则微笑地看着他，然后骑马走进了大门。

杰弗逊面对别人的无理取闹，保持了冷静，也突出了自己的修养。而"我叫托马斯·杰弗逊"这句话，是一位总统对一位普通的赛马骑师的回答，也是一位极具智慧、极具处世艺术的大师给我们的回答。

因此，当你面对别人的无礼行为时，即使很生气，但还是需要注意自己的口气。我们也要懂得，生活中，讲道理的人是因为他们懂道理，不讲道理的人是因为他们还不懂道理。当你面对无理之人时，你要换一种角度去思考问题，有效果比有道理更重要，如果实在不行，就学会装傻。另外，遇到无理的事情时不要简单地去找事情本身的对或错。任何事的存在都是一种平衡的需要，都有它存在的道理，你只能锻炼自己去适应。

从现在开始，在工作或是生活中，当你碰到无理的人或事时，要学会冷静下来，不要去找对与错，因为你一去找对错就会与对方较劲。既然知道对方太过分，那么就装傻，不予理会，早晚会由对方自己承担结果的。

沟通比生气更能解决问题

在生活和工作中，我们很容易使自己的情绪受到外界环境的影响，只要有一点不如意的地方，或为了鸡毛蒜皮的小事、一句无心的话、一个细微的动作，就足以让人大动肝火，怒不可遏。而在失去理智、不计后果地尽情发泄了怒气之后，很多珍贵的情感、友谊，也会随着"气"烟消云散了。

事实上，要改变这种现状是很容易的，比如多和他人沟通，就能够把一些误会、矛盾化解。如果不愿意沟通，而是把怨气都积在心里，时间一长，肯定怨气冲天，矛盾就有可能爆发，从而与他人发生不愉快，这样无疑影响自己的人缘和声誉。

有一天，老熊开着他的黑色帕萨特到小区的地下车库停车时，发现一辆白色的丰田车停在他的车位旁边，而且与他的车位靠得特别近。

"为什么总是挤着我的车位？"老熊生气地想，并且朝白色丰田车的车门狠命地踢了一脚，车门上立即留下了一个清晰的脚印。

一天傍晚在停车场，当老熊正想关掉发动机时，那辆白色丰田也恰好开了进来，驾车人像以往那样把车紧紧贴靠在老熊的车旁。

老熊正患着感冒，头疼得厉害，下班前又被经理猛批了一顿，一肚子气正没地方发泄。于是，老熊怒目圆睁，恶狠狠地对着丰田车里的人大声喊道："喂，你的眼睛是不是出了问题，有像你这样停车的吗？"

那辆丰田车的主人也不甘示弱，十分生气地说："你和谁说话呢？你以为你是谁？这地方我交了钱，我想把车停在哪里就停

不生气，你就总能赢

在哪里！别那么多废话！对了，上次我车上的那个脚印是你踢的吧，以后少干这种缺德事，不然，你的车上会留下更多的脚印，甚至是你的身上！"

听到这些话语，老熊恨得牙痒痒，心想："我得让你尝尝我的厉害！"

第二天，当老熊回家时，白色丰田还未回来。这一下，老熊也把车子紧挨着对方的车位停了下来，也没给对方留一点周旋的余地。

接下来的几天，白色丰田车每天都先于老熊回来。白色丰田的车主暗地里和老熊较着劲，弄得老熊苦不堪言。

"如果这样长期'冷战'下去怎么办？"老熊眉头一皱，便有了一个好主意。

早晨，白色丰田的主人一坐进他的车子里，就发现挡风玻璃上放着一封信，信中写道：亲爱的白色丰田，真是非常抱歉！那天，我家的男主人向你家主人大喊大叫，还曾对你有过不文明的行为，现在他正为自己的粗暴行为深感后悔。其实，我家主人心眼并不坏，只是脾气躁了点，加之那天他正好在公司被领导猛批了一顿，心情很糟糕，因此，给你和你的主人带来了伤害，在此，我希望你和你的主人能够原谅他——你的邻居黑色帕萨特。

隔了一天，当老熊准备打开车门时，也发现了自己车子的挡风玻璃上有一封信。老熊连忙拆开信：亲爱的黑色帕萨特，我家主人这段时间失业了，因此心情郁闷，而且他刚刚学会驾驶我，所以总是不能把我停好在自己的位置上。我家主人很高兴看到你写的信，我相信他也会成为你们的好朋友——你的邻居白色丰田。

从那以后，每当黑色帕萨特和白色丰田相遇时，他们的主人都会愉快地相互打招呼。

在此，我们不妨设想一下：假如两辆车的主人都没有意识到自己的错误行为，或者故意不改变态度，那么，他们依旧会为车位而争吵，这样就会使原本就不好的心情"雪上加霜"，他们的生活会变得更加糟糕。所幸的是通过沟通，他们在控制了自己情绪的同时，还向对方表达了自己的歉意，终于赢得了对方的谅解和友谊。

可见，发生争执并不可怕，重要的是我们应该怎样去化解争执，这就要求我们学会控制自己的情绪。善于控制情绪，不让情绪的火山爆发，就不会发生争执。万一争执已经发生，我们要及时和对方沟通，这样才能化解矛盾，如果不沟通，就会加深彼此的怨恨。

小宫在一家服装专卖店买了一套黑色西服。一天，他穿着这套新衣服去参加一个朋友的婚礼。席间，有人惊叹地说："小宫，你到底怎么了，整个脖子怎么都变成了黑色呢？"

这一喊不打紧，所有客人的眼光都齐刷刷地转到小宫身上。小宫觉得自己十分尴尬，只好中途退席。当他从洗手间的镜子里看到自己的脖子真的变成了黑色时，立即明白了是怎么回事。小宫气愤万分，决定立即去那家服装专卖店问个究竟。

"你们……你们竟然欺骗顾客，以劣充好，我要去投诉你们！"小宫到了专卖店后，用手拍着柜台，愤怒地说道。

售货员见小宫态度恶劣，也就没有先去检查衣服的质量，而是生气地回敬道："我们已经卖出了上千套这样的服装，你还是第一个要求退衣服的人。我想，可能是你的皮肤有问题吧。"

售货员这句话犹如火上浇油，小宫气得脸色发白。于是，小宫便和售货员大声地争辩了起来。这时，另外一位售货员也加入到了这场争执中来。"所有深色的衣服刚开始时都会有一点褪色，我们也没有办法解决，这种价钱的衣服就是如此，这是衣服染料的问题。"

两个售货员你一言我一语，使得小宫更加愤怒了，因为一个售货员怀疑他的诚实，而另一个售货员则在暗示他买了一件便宜货。这时，小宫彻底失去了理智，他抓起那套衣服，猛地把它扔向那两位售货员。于是，一场"战争"就这样开始了……

假如小宫能平心静气地和售货员沟通，而不是一见面就气愤地质问，事情就不会变复杂了。

可见，无论在什么时候，沟通比生气更能解决问题，更能赢得人心。所以，在生活或者工作中，我们一定要常与身边的人沟通。有了良好的沟通，办起事来就会畅行无阻，而一些不必要的误会就不会产生了。

和平相处是一门艺术

中国有句古话：万事以和为贵。这句话深刻地揭示了为人处世的重要性。因为，人际交往最重要的一个原则就是一个"和"字。"和"是平和，是不争、不抢、不霸。

无论是在古代社会还是现代社会，"和"字都是人们公认的、社交艺术中的一个关键环节。在古代，人们就提倡以诚相待，不猜忌苛求，并把这种意思称为"揖和"。

所谓"揖和"，就是求和平的意思。求得和平相处，必须先做到和气。古代有一个著名的好好先生，人们指出他的优点，他说"好"；人们指出他的缺点，他也说"好"；人们说他不会说别的，只会说一个"好"字，他仍然说"好"。好好先生虽然有点"好"得过分，但这种求得和平的意图是值得我们学习的。

战国时，赵国的蔺相如机智勇敢，给赵国争得了不少面子，因此赵王就先封他为大夫，后封为上卿（相当于后来的宰相）。

赵王这么看重蔺相如，可气坏了赵国的大将军廉颇。他想："我为赵国拼命打仗，功劳难道还不如蔺相如吗？蔺相如光凭一张嘴，没有什么了不起的本领，地位倒比我还高！"他越想越不服气，怒气冲冲地说："我要是碰着蔺相如，就当面给他点儿难堪，看他能把我怎么样！"

廉颇的这些话传到了蔺相如耳朵里。蔺相如立刻吩咐自己手下的人，叫他们以后碰着廉颇手下的人，千万要让着点儿，不要和他们争吵。以后，他自己坐车出门，只要听说廉颇从前面来了，就叫马车夫把车子赶到小巷子里，等廉颇过去了再走。

廉颇手下的人，看见蔺相如这么让着自己的主人，更加得意忘形了，见了蔺相如手下的人，就嘲笑他们。蔺相如手下的人受不了这个气，就跟蔺相如说："您的地位比廉将军高，他骂您，您反而躲着他，让着他，他越发不把您放在眼里啦！这么下去，我们可受不了。"

蔺相如心平气和地问他们："廉将军跟秦王相比，哪一个厉害呢？"大伙儿说："那当然是秦王厉害。"蔺相如说："对呀！我见了秦王都不怕，难道还怕廉将军吗？要知道，秦国现在不敢来打赵国，就是因为国内文官武将一条心。我和廉将军好比是两只老虎，两只老虎要是打起架来，不免有一只要受伤，甚至死掉，这就给秦国制造了进攻赵国的好机会。你们想想，国家的事儿要紧，还是私人的面子要紧？"

蔺相如手下的人听了这一番话，非常感动，以后看见廉颇手下的人都小心谨慎，总是让着他们。

蔺相如的这番话，后来传到了廉颇的耳朵里。廉颇惭愧极了。他脱掉上衣，背了一根荆条，直奔蔺相如家。蔺相如连忙出来迎接廉颇。廉颇对着蔺相如跪了下来，双手捧着荆条，请蔺相如鞭打自己。蔺相如把荆条扔在地上，急忙用双手扶起廉颇，给他穿好衣服，拉着他的手请他坐下。

蔺相如和廉颇从此成了很要好的朋友。这两个人一文一武，同心协力为国家办事。

蔺相如和廉颇"化敌为友"，这便是"和为贵"的力量，让本来心生仇恨的人放下了仇恨，也用平和化解了冲突和矛盾。

其实，要做到和平相处并不难，关键在于要严于律己，宽以待人。不讥笑讽刺别人的短处，不无故怀疑他人的行为，这样自然就省去了许多口舌是非，少一些骚扰，少一些烦恼。

另外，要恭敬待人，对于他人的缺点和过失，做到得饶人处且饶人。这里面恭敬的"敬"强调小心谨慎，无论大事小事都不该有丝毫的疏忽大意；饶恕，则以"恕"字为主，凡事都为别人着想，设身处地，给别人留有余地，居功不傲不独占，有过不粉饰不推诿。把"敬""恕"这两个字牢牢记住，就可以长期担当重任，而且福寿无量了。

当然，"和为贵"的思想不仅适合为人处世，同时也适合一个家庭解决内部矛盾。

有一对夫妻商量如何度假，丈夫坚持到农村的老家去看亲戚，妻子却不愿出门，希望在家里休息。两人意见不合，争吵起来。

此时，如果仅就去与不去老家来判断最后的结果，不外有这样三种情况：一是妻子服从丈夫；二是丈夫服从妻子；三是两人坚持各自的立场，丈夫出门，妻子留在家里。前两种情况都是要求一方放弃自己的意愿，这样肯定会带来不愉快；最后一种情况，表面上双方都是胜利的，但是要以夫妻的不和睦为代价，从这方面看双方又都是失败者。

在这种情况下，完全可以采取一种"以和为贵"的无胜负法来调和，这对夫妻不妨先相互就对方的目的再做进一步的了解。在心平气和的交谈中，妻子了解丈夫之所以坚持去亲戚家，主要的目的是想去乡村的环境中呼吸一下大自然的气息，钓钓鱼，游游泳。而丈夫通过妻子的解释才明白，妻子坚持留在家里，是因为去亲戚家住宿不方便，担心过多地打扰了对方。这样一沟通，他们就不难找出一个既折中又使双方都满意的办法。于是，他们去了一个风景好、住宿方便的海滨度假，双方都达到了目的。

所以说，和平相处是一门艺术，它并不是让你泯灭个性，而是让你在发展个性的时候，首先看看你的个性是否妨碍他人，在与人相处时也多想想别人的利益。

宽容和忍让是安身立命的"护身符"

人的本性是不满足，仇恨就是别人严重地侵犯了我们的不满足及追求幸福的权利，因此，引起了我们的敌对情绪。而当这种严重性达到一定的量时就会引起质变，就会使我们产生报复的动机乃至行为。

然而，我们必须了解，宽厚待人，容纳非议，是事业成功、家庭幸福美满之道。如果事事斤斤计较，患得患失，就会活得很累，丝毫体会不到人生的乐趣。

有一天，希腊大哲学家苏格拉底和一位老朋友在雅典城里悠闲地散着步，他们一边走，一边愉快地聊天。忽然有位愤世嫉俗的年轻人朝苏格拉底扔了一块石头就跑了。他的朋友看见了，立刻回头要找那个家伙算账。

但苏格拉底拉住他，不让他去报复，朋友觉得很奇怪，就说："难道你怕这个人吗？"

苏格拉底说："你认为我怕他吗？不，我绝不是怕他？"

朋友又疑惑地问："那么，人家打你，你怎么不敢还手？"

这时，苏格拉底笑着说："老朋友，你糊涂了，难道一头驴子踢你一脚，你也要还它一脚吗？"

他的朋友点点头，就不再说什么了。

假如苏格拉底在受到攻击时，愤怒地以同样的方式去对待那位年轻人，可想而知，他和那个年轻人之间的"战斗"就会持续地展开。但他没有那样做，而是以一颗宽容的心，容忍了别人对他的无理。而这样的宽容，足以让人折服。

但是，在现代社会里，很多人在受到一点伤害时，便斤斤计较，甚至采取报复的手段，却没有想到仇恨是一把双刃剑，在伤害别人的同时也会伤害自己。

森林里，狗熊突然闯进了小蜜蜂的家。它趁小蜜蜂们都外出采花粉时，偷吃了一大桶蜂蜜，然后溜回了自己的家。

小蜜蜂们回家后，见辛辛苦苦酿的蜜被狗熊偷吃了，都十分气愤。它们聚集在一起，商量着要去找狗熊报仇。

一位过路的神见了，便说："你们原谅狗熊一次吧，不然，你们在报复它的同时，自己也会受到伤害的。"

"不，此仇不报，我们心中的怨气就难消。"领头的那只小蜜蜂对神说完这句话后，便领着其他的伙伴，浩浩荡荡地出发了。

正在家里酣睡的狗熊被嗡嗡声惊醒了，它发现自己已经被成千上万只小蜜蜂团团包围住了。狗熊忙爬起来逃命，可小蜜蜂们仍穷追不舍，它们纷纷把身上的毒针狠狠地向狗熊刺去。

狗熊浑身被刺得全是大大小小的包，又痛又痒了好几天。而那些把毒针留在狗熊身体里的小蜜蜂们，回去后没多久就全死了。

蜜蜂和狗熊的故事说明，仇恨他人不如宽容他人。因为，仇恨只会伤人伤己，所以任何人都不要因为仇恨而生气。

每个人都会碰到利益受到他人有意或无意侵害的时候，但我们要学会管住自己的大脑，控制报复的冲动，说服自己，把仇恨在心里悄悄地化解。因为，仇恨在伤害别人的同时也会伤害你自己，而宽容和忍让，才是保自己一生平安的"护身符"。

遇谤不辩，沉默即宽容

诗曰："不智之智，名曰真智。蠢然其容，灵辉内炽。用察为明，古人所忌。学道之士，晦以混世。不巧之巧，名曰极巧。一事无能，万法俱了。露才扬己，古人所少。学道之士，朴以自保。"在人生的旅途中，我们会有各种各样的遭遇，许多时候，沉默是最好的矛与盾，进可攻，退可守。

有位修行很深的禅师叫白隐，无论别人怎样评价他，他都会淡淡地说一句："就是这样吗？"

在白隐禅师所住的寺庙旁，有一对夫妇开了一家食品店，家里有一个漂亮的女儿。夫妇俩发现尚未出嫁的女儿竟然怀孕了。这种见不得人的事，使得她的父母震怒万分！在父母的一再逼问下，她终于吞吞吐吐地说出"白隐"两字。

她的父母怒不可遏地去找白隐理论，但这位大师不置可否，只若无其事地答道："就是这样吗？"孩子生下来后，就被送给了白隐，此时，他的名誉虽已扫地，但他并不在意，而是非常细心地照顾着孩子——他向邻居乞求婴儿所需的奶水和其他用品，虽不免横遭白眼，或是冷嘲热讽，他总是处之泰然，仿佛他是受托抚养别人的孩子一样。

时隔一年后，这位没有结婚的妈妈，终于不忍心再欺瞒下去了，她老老实实地向父母吐露了真情：孩子的生父是住在附近的一位青年。

她的父母立即将她带到白隐那里，向他道了歉，请求他原谅，并将孩子带了回来。

白隐仍然是淡然如水，他只是在交回孩子的时候，轻声说道："就是这样吗？"仿佛不曾发生过什么事；即使有，也只像微风吹过耳畔，霎时即逝。

白隐为给邻居女儿生存的机会和空间，代人受过，牺牲了为自己洗刷清白的机会。在受到人们的冷嘲热讽时，他始终处之泰然，只有平平淡淡的一句话——"就是这样吗？"雍容大度的白隐禅师令人赞赏景仰。

在面对羞辱、误解、背叛的时候，沉默本身就是一种宽容。只是对于一个世俗人来说，这种宽容会让自己很不好受，是一种疼痛的过程。但对于悟道的人来说，这种宽容是一种快乐，因为它能够感化犯错的人，让他们从内心里反省自己的错误，是一种无声之教。面对这样的沉默，所有语言的力量都是微不足道的。

环视芸芸众生，能做到遭误解、毁谤，不仅不辩解、不报复，反而默默承受，甘心为此奉献付出、受苦受难，这样的人有几个呢？

遇谤不辩，是一种多么难得的人生智慧。当诽谤发生后，一味地争辩往往适得其反，不是越辩越黑便是欲盖弥彰。这时候，往往沉默是金，让清者自清而浊者自浊，这才是明智的选择。诽谤最终会在事实面前不攻自破。在现实生活中，拥有"不辩"的胸襟，就不会与他人针尖对麦芒，睚眦必报；拥有"不辩"的智慧，宽恕永远多于怨恨。

坦然面对流言蜚语

古人云："口能吐玫瑰，也能吐蒺藜。"对于别人的妄言，如果我们不想被它伤害，那就不要去理会它。

人生活在世界上，是非成败，都不免有他人说三道四、道短论长。有些人对那些无中生有的污蔑表现得异常激愤，甚至反唇相讥，其实那都是没有必要的。如果让这种攻击干扰了我们正常的心态和生活的秩序，是得不偿失的。

宋朝有个叫吕蒙正的人，年纪轻轻的却很有才华，皇帝因此很赏识他，就封他做了宰相。时间不长，就有官员经常在背后和别人说："你看这个小子，没名没实的，他也配当宰相吗？"吕蒙正有时候听见了，却假装没有听见，大步走开了。吕蒙正的随从为他很愤愤不平，准备利用手中的权力去好好治理一下这些大臣。吕蒙正知道后，急忙阻止了他们，吕蒙正对他们说："如果完全知道了他们都是谁，那么我就会一辈子也忘不掉。这样的话，就会耿耿于怀，多么不好啊！因此，还是不要去继续寻查这些人都是谁了。"当时，手下的人都佩服他气量恢宏。也正是因为这件事情，曾经有人向皇帝打报告说："吕蒙正为人太糊涂。"皇帝却说："吕蒙正小事糊涂，大事不糊涂。正因为此，才适合做宰相的。"

中外历史上的很多名人都受到过妄言的攻击，美国总统罗斯福的夫人艾丽诺也一样，但她每一次都能泰然面对，她常常说："避免别人攻击你的唯一方法就是，你得像一只有价值的精美的瓷器，有风度地静立在架子上。"这句话十分有道理，世间的事情都是复杂纷纭的，不可能也没必要样样事情都做到一丝不苟。对其他人恣意的妄言，不必太在意，事实会说明一切的。更何况别人攻击你，至少因为你具有某种重要性，别人才会去关注你、去议论你、去污蔑你。

有一位小仲马的朋友对小仲马说："我在外面听到许多关于你父亲大仲马的坏话。"

小仲马当即摆出了一副无所谓的样子，他回答："这些事情都不必去管它，我的父亲大仲马是很伟大的人。打个比方说，他就像一条波涛汹涌的大江，你仔细地想想看，如果有人对着大江小便，那根本无伤大雅的，不是吗？"

其实，胸怀宽广的人就该如此，对于听到别人的流言蜚语，应该再三客观地分析、判断，哪怕言辞激烈或只有百分之一的正确。之后，只要认为自己的做法合理，站得住脚，那么就可以坚持到底，不必妥协。对于那些纯属恶意的人身攻击、诽谤、诋毁、中伤，也不妨装聋作哑一番，豁达大度一些。同事之间、邻里之间，或是萍水相逢的路人之间，都不免会产生些摩擦，让别人说长道短，你如果也是斤斤计较、睚眦必报，这会激化矛盾，其结果是于人于己都不利。如果能做到"低调一点"，麻烦、恼火、损失自然就会少得多了。

法国 19 世纪的文学大师雨果说过这样一句话："世界上最

宽阔的是海洋，比海洋宽阔的是天空，比天空更宽阔的是人的胸怀。"包容是人类的美德，是一种高尚的品质，也是面对流言蜚语的一项重要原则。正所谓：海纳百川，有容乃大。荀子认为："君子贤而能容罢，知而能容愚，博而能容浅，粹而能容杂。"面对流言蜚语，宽容是最好的调解剂。

第三章 /

心境豁达宽容者
更受欢迎

好脾气能带来好运气

人们有种种生气的理由，也有很多方式表达生气的情绪，但很多人在生气之后，习惯为自己找借口，他们最爱说的话是："我没办法控制自己的脾气呀！""我天生就是坏脾气。"当一个人第一次或者第二次说这些话时，我们大多会原谅他的冲动与鲁莽。但如果他发脾气的次数多了，就不一定会有人原谅他了。当我们学会了控制自己的情绪，少发脾气或由坏脾气变成好脾气时，好脾气就有可能为我们带来好运气。

飞机起飞前，一位乘客请求空姐倒一杯水给他服药。

这位空姐很有礼貌地说："先生，为了您的安全，请稍等片刻，等飞机进入平稳飞行状态后，我会立刻把水给您送过来，好吗？"

十分钟后，飞机已进入了平稳飞行状态。

突然，乘客服务铃急促地响了起来，空姐猛然意识到：糟了，由于太忙，自己忘了给那位乘客倒水了！

当空姐来到客舱时，看见按响服务铃的果然是刚才那位乘客。她小心翼翼地把水送到那位乘客面前，面带微笑地说："先生，实在对不起，由于我的疏忽，延误了您吃药的时间，我感到非常抱歉。"

这位乘客抬起左手，指着手表说道："怎么回事，有你这样服务的吗？你自己瞧瞧，都过了多长时间了？"

空姐手里端着水杯，心里感到很委屈，但是，她并没有因为乘客的愤怒而生气，相反地，她仍然语气温和地向那位乘客做了解释，但那位挑剔的乘客就是不肯原谅她的疏忽。

在接下来的飞行途中，这位空姐为了弥补自己的过失，在每次去客舱给乘客服务时，都会特意走到那位乘客面前，面带微笑地询问他是否需要水或者别的什么帮助。然而，那位乘客仍然余怒未消，摆出一副很不合作的样子，不理会空姐。

在飞机到达目的地前，那位乘客要求空姐把意见簿给他送过去，很显然，他要投诉这位空姐。

这时候，面对乘客的恶劣态度，空姐依然没有生气，她仍然不失职业道德，显得非常有礼貌，而且面带微笑地说道："先生，请允许我再次向您表示真诚的歉意，无论你提出什么意见，我都将欣然接受您的批评！"

这位乘客脸色变得温和了，想说些什么却没有开口，他接过意见簿，开始在本子上写了起来。

等到飞机安全降落，所有的乘客陆续离开后，这位空姐才打开意见簿。她本以为这下完了，没想到，等她打开意见簿后，却惊奇地发现，这位乘客在本子上写下的并不是投诉信，相反，这是一封热情洋溢的表扬信。

在信中，空姐读到这样一句话："在整个过程中，你表现出的真诚的歉意，特别是你的十二次微笑，深深打动了我，使我最终决定将投诉信写成表扬信！你的服务质量很高，下次如果有机会，我还将乘坐你们这趟航班！"

在现实生活中，能做到遇事冷静不是一件容易的事，特别是在公共场合。但当别人的情绪失控时，我们仍应控制好自己的情绪，就像案例中的那位空姐一样，如果她也冲乘客发脾气，那么，一场"战争"就不可避免了，而"战争"的结果肯定对她不利。很显然，这位空姐是明智的，她把自己的情绪处理得非常好，而且最终以好脾气赢得了荣誉。

一位哲人曾说过："盛怒之下的人，犹如骑着一匹疯马，不加以驾驭，就会摔断自己的脖子。"所以，当你感到生气的时候，要学会用微笑代替愤怒，用冷静应对难堪，这样，愤怒就无法控制你的内心、操纵你的命运。而你的好脾气，就有可能为你带来好运气。

善良的人有好运

一天，一个贫穷的小男孩为了攒够学费，正挨家挨户地推销商品。饥寒交迫的他摸遍全身，却只有一角钱，于是他决定向下一户人家讨口饭吃。

当一位美丽的年轻女子打开房门的时候，这个小男孩却有点不知所措了。他没有要饭，只乞求给他一口水喝。这位女子看到他饥饿的样子，就倒了一大杯牛奶给他。男孩慢慢地喝完牛奶，问道："我应该付多少钱？"

年轻女子微笑着回答："一分钱也不用付。我妈妈教导我，人需施与爱心，不图回报。"男孩说："那么，就请接受我由衷的感谢吧！"说完，这个男孩离开了这户人家。

几十年之后，那位女子得了一种罕见的重病，当地医生对此束手无策。最后，她被转到大城市医治，由专家会诊治疗，大名鼎鼎的霍华德·凯利医生也参与了医疗方案的制订。当他听到病人所在城镇的名字时，一个奇怪的念头突然闪过他的脑际，他马上起身直奔女子的病房。

身穿手术服的凯利医生来到病房，一眼就认出了当年给他牛奶的女子。回到会诊室后，他决心要竭尽所能来治好她的病。从那天起，他就特别关照这个对自己有恩的病人。

经过艰苦的努力，手术成功了。凯利医生要求把医药费通知单送到他那里，他看了一下，便在通知单的旁边签了字。当医药费通知单送到女子的病房时，她不敢看。因为她确信，治病的费用将会用她整个余生来偿还。最后，她还是鼓起勇气，翻开了医药费通知单，旁边的那行小字引起了她的注意，她不禁轻声读了出来：

"医药费已付——一杯牛奶。"

（签名）霍华德·凯利医生

喜悦的泪水溢出了她的眼睛，她默默地祈祷着："谢谢你，上帝，你的爱已通过人类的心灵和双手传播了。"

一杯牛奶，让一个被世界抛弃的男孩知道了生命的可贵，还挽救了另一个善良的生命。

我们生活的社会，就像一个大家庭，好的人际关系对我们的生活、工作都有帮助。但是，有的人不注意结交朋友，更不会善待他人，因此得到了别人不好的评价。

"她刚才和领导吵了一架。"

"她总是独来独往，从不与人交往。"

"他说话很刻薄！"

"他动不动就冲别人发脾气。"

"他总是不顾及别人的感受。"

……

有着以上评价的人，他的生活也不会一帆风顺。很多人在生活或工作上失败，就是因为没有意识到人际关系的重要性，所以，他们随意冲人发脾气，到处树敌。而成功人士懂得经营自己的人际关系，他们对人温和，脾气较好，因此，他们能广结善缘，为自己的事业带来了好的机遇。

同样，在职场上，员工有好的人际关系，才有可能升职与加薪，而老板与员工的关系好，其公司的赢利性才可观。所以，要想成为成功者，就要注重人际关系。如果拥有好的人缘，事业也就成功了一半；如果没有好的人缘，没有一大批朋友和追随自己的人，你即使有通天的本领，也无法经营好自己的事业，从而也就失去了成功的基础。另外，没有好人缘，你不仅无法获得支持和帮助，还会被人处处刁难，寸步难行。

英国联合航空公司总裁卡尔森在接管联合航空之前，该公司一年亏损 5000 万美元，其业内地位可谓岌岌可危。

卡尔森上任后，便立即着手调查公司经营失利的原因。经调查与研究后，他发现公司高层在经营方针上并没有大错，但是他们的脾气不好，与员工之间的关系水火不相容。管理者指责员工执行不力，员工抱怨管理者不体谅他们，而且不愿倾听他们的心声，哪怕反映的情况对公司极有价值，但还是很少有领导愿意静下心来听取员工意见，就更不用说采纳了。

经过了解，卡尔森明白，公司内部其他管理方法没有错误，只是人际关系网已千疮百孔，而他要做的第一件事便是去修补这张网，只有这张网牢固了，公司才会重现生机。

做出了这样的决定，卡尔森一改过去管理者坐在办公室里发号施令、听取汇报的情况，在一年内跑了 20 万英里路到各基层单位观察。每到一个地方，卡尔森一下飞机就与员工们握手，主动找员工们见面和谈心，并认真地倾听他们的谈话，尽量不对员工发怒。每到一个地方，卡尔森总是拒绝当地公司负责人的接待，而是专门和基层员工待在一起。因为他希望员工们都认识他，向他提建议，甚至欢迎员工们就公司的某项决议和他争论。

经过一番努力，卡尔森终于修补好了公司内部那张人际关系网，而他和员工们的关系也非常融洽，公司的业绩也上了一个台阶。

通过以上的例子，我们可以懂得，许多人能把企业经营得红红火火，就在于他们在用心经营企业的同时，也用心经营自己的人际关系。反观那些事业受挫者，十之七八是因为人际关系不畅而受阻。

宽容待人者有后福

人如果没有宽容之心，生命就会被无休止的算计和仇恨支配。这句话便是先人给我们的告诫。

的确，人最需要的便是一颗宽容之心。对于令人愤怒的事情，我们要学会宽容。因为宽容是做人所需要的，也是处世所需要的，即立身处世要有清浊并容的雅量。

唐朝大将军郭子仪在平定"安史之乱"和抵御外族入侵中屡建奇功，却遭到了皇帝身边的红人、太监鱼朝恩的嫉恨。

郭子仪率兵在外征战，鱼朝恩竟暗地里派人毁了郭子仪父亲的墓穴，并挫骨扬灰。郭子仪领兵还朝，众人都以为会掀起一场血雨腥风，不料当代宗皇帝志忑不安地提及此事时，郭子仪伏地大哭，说："臣将兵日久，不能禁阻军士们挖他人之墓，今日他人挖臣先人之墓，这是天谴，不是人患。"于是，家仇的烈焰竟被他宽容的泪水熄灭了。

郭子仪手握兵权，在朝中日益得到皇帝的信任，鱼朝恩担心早晚会被郭子仪收拾，便想先下手为强。他在家中摆下"鸿门宴"，然后请郭子仪赴宴。鱼朝恩的险恶用心连郭子仪的下属都看得一清二楚，他们极力劝阻郭子仪不要去。郭子仪却淡淡一笑，不以为然，只便装轻从，带上几个家童从容赴宴。鱼朝恩见了惊讶不已，在得知实情后，阴毒无比的一代奸臣竟被感动得号啕大哭，从此以后他不再以郭子仪为敌，反而处处维护他。

郭子仪"以德报怨"，用宽容感化了自己的"敌人"，也换来了"敌人"对其一生的维护。可见宽容是一种美德，宽容他人，也给自己赢得了尊重，而且能化敌为友，让自己成功的道路可以更平坦。

如果一个人眼里总是容不得沙子，锱铢必较，不仅会遭人厌恶，有时还会招来怨恨，因此，常怀一颗宽容之心，就能消除与他人之间的矛盾与仇恨。

老山羊带着儿子去地里收白菜时，发现自己家的白菜已被偷走了许多。

"爸爸，这一定是野猪干的。你看，地上还有它的脚印呢。走，我们找它算账去。"小山羊说。

"算了，我想野猪一定是饿极了才这样做的。"老山羊拦住了儿子，淡淡地说。

几天后，老山羊带着儿子去地里挖土豆，又发现土豆地已被拱翻了一大片。很显然，野猪又偷走了一些土豆。

"爸爸，咱们不能再忍了。我们现在就去找野猪算账，它太过分了。"小山羊气愤地说。

"不，儿子。野猪也是有自尊心的。它如果不是家里有什么困难，是决不会来偷土豆的。"

"爸爸，这只野猪可是懒得出了名的啊！它自己不劳动，就会靠小偷小摸混日子。"

"儿子，不要在背后说别人的坏话！我觉得野猪的本质并不坏，它一定会学好的。"

父子俩的对话恰好被躲在草丛中的野猪听到了，他惭愧地低下了头。

就在父子俩埋头干活的时候，一只饥饿的狼悄悄地溜到了土豆地里，想把小山羊当成填饱肚子的美食。就在狼扑向小山羊的那一瞬间，野猪发现了它。野猪跳了出来，勇敢地迎了上去。几个回合之后，狼败在野猪的獠牙下，灰溜溜地逃走了。

"谢谢你救了我们的命！"老山羊带着儿子赶忙过来感谢野猪。

"不，说谢谢的应该是我。我一次又一次地偷你家的东西，可你们每次都原谅了我，是你们的宽容感动了我。"野猪说完，便卖力地帮老山羊拱起土豆来。

如果山羊一家开始就对野猪的偷盗行为采取报复行动，那么小山羊就会成为恶狼的口中食。所以说，宽容别人，也就是宽容自己，让我们多了一些选择，更使我们生命中多了一点空间，多了一些关爱和扶持。

西德尼·史密斯说："生活中有许多这样的场合，你打算用愤恨去实现的目标，完全可能由宽恕去实现。"的确，宽容能带来仁义，博得赞美。懂得宽容，才不会对自私、伤害感到失望，才会用宽大的气量去感受相逢一笑泯恩仇的快乐。

每个人都会有不如意，每个人都会有失败，当你遇到了竭尽全力仍难以逾越的屏障时，请别忘了，宽容是一片宽广而浩瀚的海洋，能包容一切，也能化解一切，会带着你跟随着它一起浩浩荡荡地向前奔涌。

要敢于承认自己的不足

所谓山外有山，人外有人，在这个世界上，比自己强的人实在是太多了。面对别人的强大，如果你愤怒，怨天尤人，就会被愤怒迷失了心智。这时，你应该放下所谓的自尊，承认自己技不如人，这样就可以让你放下负担，轻松前进。

事实上，每个人都只能在某些领域里有所成就，这意味着缺陷是无处不在的。而试图让每一件事情都做得比人好，是愚蠢的。聪明的人，敢于承认自己不如人，自然赢得一份人生的适意。

一次，一位颇有名气的作家带自己的孩子散步，在路边看到一个卖油面的小摊子，他的生意好极了，旁边还有十几个人在排队等着。

作家被老板那极其熟练的动作迷住了。只见老板把油面放进烫面用的竹捞子里，一把塞一个，动作非常娴熟，仅在刹那之间就塞了十几把！然后，他把叠成长串的竹捞子放进锅里烫。

接着他又以难以置信的速度，将十几个碗一字排开，分别放进各种调味作料，等这项工作完成后，锅里的面已经熟了！随后捞面，加汤，十几碗面就如此迅速地做好了，前后用时竟不到五分钟。更让人称奇的是，他在整个过程当中还不断地和客人聊天。

正当作家在惊叹的时候，孩子突然说了一句："爸爸，如果你和那个卖面的叔叔比赛做面，他肯定赢！"作家一怔，随即笑了，他对孩子说："不只会输，而且会输得很惨。在这个世界上，比爸爸厉害的人还有很多很多啊，和他们比，爸爸都会输。"

孩子点点头，作家接着对孩子说："孩子，你记住，谁都不是万能的，在这个世界上你会输给很多人，所以任何时候，都不要骄傲，要谦虚地向别人学习。"

所谓"真人不露相，露相非真人"，真正的高人往往在你看不见的地方，他们只有等到非他们不可的时候才出来显示他们的本领。他们对待这个喧哗的世界心平气和，对那些自命不凡的人不予置评。

有时候，我们常认为自己很了不起，可一旦我们那颗狂热的心逐渐歇息下来，我们就会发现自己其实是多么渺小，别人身上有那么多地方强过我们，我们有什么好骄傲的呢？

我们有很多地方不如人，但这些都是我们应该去面对的，而不应该回避。在生活中，我们应该有一种敢于承认自己不如人的心态，保持这种谦虚的心态，我们才可以更好地去应对现实。

敢于承认自己不如别人是谦逊低调的表现。做人不应该自卑，也不能太张扬，应该自谦。每一个人都有自己的优缺点，我们应该很好地发现自己的优点，但同时也不可以忽视我们身上的那些缺点。我们只有真正看清了这两点，才可能通过自己的努力去取长补短，这样反倒使你超越那些以前比你强的人。

敢于承认自己不如人其实是自信的表现。在我们身边，经常会看到"输不起"的人，很少能见到能够面对"输"还能保持潇洒的人。那些输不起的人其实就是不自信。如果我们足够自信，就会勇于承认和别人的差距。只有认识到自己不如人的一面，才能提高这一点，否则，你将永远落在别人后面而自欺欺人。

汽车在公路上风驰电掣般地飞跑着，当它跑到骆驼身边的时候，讥笑着说："骆驼老兄，现代化运输，有我们汽车就行了，你该进动物园退休了。"说完喇叭长鸣，箭一样向前冲去，真的不可一世。

不一会儿，汽车跑到公路尽头，前面是一片浩瀚的沙漠，汽车开进沙漠里，再也跑不动了，轮子飞转却不能前进一步。

这时，骆驼从后边走来了，在广阔无垠的沙漠里，骆驼平稳安详地走着，一步一个脚印，像船航行在风平浪静的大海里。当它走到汽车身边时，看到汽车陷到沙堆里垂头丧气的样子，就套上绳索把汽车拉上了公路。骆驼并没因此而骄傲自满，它诚恳地对汽车说："汽车老弟，大家都有自己的长处和短处，只要能在自己的岗位上努力工作，都会为人们做出贡献。"骆驼说完，又踏上了漫漫的征途，清脆悦耳的驼铃声在沙漠里回响着。

事事与人比，总有一事不如人。你不可能去做所有的事情，也不可能事事都比别人突出，所以，还不如真诚地对待自己，做自己擅长的事情，承认自己的不足。而为了面子打肿脸充胖子，甚至去做无谓的比拼，实在不够明智。

得饶人处且饶人

做心胸宽广的人，就要有得饶人处且饶人的宽容，要体谅别人的难处，谅解别人的错处，关注别人的长处，要相信以自己的真诚能换来他人的真诚。

战国时期，楚庄王某次在渐台宴请群臣，还让自己的爱妃许姬给大家敬酒。正当许姬给大家一一敬酒时，一阵大风吹来，把大厅里的烛火全吹灭了，场内一片漆黑。黑暗中，一个人趁着混乱竟然拉住了许姬的衣袖。

许姬在挣扎之中扯断那人帽子上的缨带，那人才慌忙松手。许姬走到庄王跟前，附耳禀报了实情，并请庄王查办那个色胆包

不生气，你就总能赢

天之人。

庄王听罢，沉吟片刻，吩咐左右先不要点蜡，然后命众卿解开缨带，摘下帽子，尽情畅饮。群臣闻言，纷纷解缨摘帽。这时庄王才命人掌灯点烛。在烛光之下，但见群臣绝缨饮酒，已无法辨认谁的缨带被扯断了。

庄王就像没发生过这件事一样，与众人饮至深夜方散。后来，庄王也再没提起此事。

又过了几年，庄王出兵伐郑，命襄老为前军统帅。襄老回到营地后，召集属下商讨策略。

其部将唐狡请命，愿为大军开道，不获全胜不返营。于是，唐狡只带百名亲兵，连夜奔袭而去。由于唐狡骁勇善战，郑军被杀得落荒而逃，庄王的后续大军竟一路未遇半个阻兵，直取郑国都城荥阳。

庆功会上，庄王称赞襄老用兵神速，勇敢非凡，襄老却说："实非老臣之力，而是部将唐狡孤胆制敌的功劳。"

庄王遂召见唐狡，并当众加倍赐赏。唐狡忙跪下道："臣受君王之恩赐已经很厚了，哪敢再领赏？"

庄王惊讶道："寡人并不识卿，怎么说受过我的赏赐呢？"唐狡愧色满面，低声谢罪："绝缨夜宴上扯住美人衣袖的就是罪臣。大王不究死罪，小臣感恩不忘，所以舍命相报。"

在场群臣听罢恍然大悟，面露敬佩之色。襄老不禁赞叹道："倘若君王不能容人之过，谅人之短，而在绝缨夜宴上明烛治罪，又怎得唐狡拼力死战呢？"

君臣尽情欢乐，有人酒后失礼情有可原，如果为了这件事诛杀功臣，将使将士感到心寒，不会再为楚国尽力。而楚庄王的容忍赢得了人心，带来了回报。

古往今来，能成大事者，心胸都特别宽广。刘备为成大业三顾茅庐请孔明；韩信不与小人计较，受胯下之辱。他们都因为心胸宽广，成就了一番事业。而宽容之心，也能化敌为友。

心胸宽广与否或许和性格有关，但更重要的是与一个人的素质和修养有关，有意识地去读些书，提高自己的文化修养，开阔视野；有意识地关注别人、关注社会，让自己的心去追逐远大，追逐高尚。

渐渐地，你就会悟出这样一个道理：天下之大，有那么多的东西要学，有那么多的事情要做，哪还顾得上为芝麻绿豆的小事伤脑筋，为蝇头小利斤斤计较，为鸡毛蒜皮之事纠缠不休？

所以，要做心胸宽广的人，就要学会恬淡从容，学会遗忘。人生美好的、能激励自己的、能让生活多些乐趣的事情我们可以永久留在记忆之中，而很多的烦恼我们必须有选择性地淡化，并学会遗忘。

因为，沉溺其中，它就会成为沉重的包袱，使你心胸狭窄、人格扭曲，在生活的路上举步维艰。

学会原谅他人的错误

感性之人看到别人做了错事，自己很生气，会毫不留情地上去狠狠地批评做错事情的人；被朋友背叛了，就会控制不住情绪，做出过激的事；由于对某些老师的不满，而放弃了某些学科……这样的事情很多，而种种的悲剧虽然都是自己造成的，其原因或者导火线却是别人。

人与人之间难免有一些小的摩擦，你也肯定能看到别人的错误。然而，只要别人做的事情是没有违背原则的，我们就应该原谅对方，千万不能心存敌意，而应该以宽厚之心待人。

由于好友威廉在林特公司的电脑上做了手脚，使林特损失了几十万美元，尽管林特委托律师将威廉送进了牢房，但他还觉得不够，心中一直愤愤不平。

出狱后，威廉觉得对不起林特，几次打电话向林特道歉。林特一听是威廉的声音，便不容分说立刻就将电话挂断了。

林特的妻子知道后，多次劝他应该宽宏大量，何况威廉是电脑专家，对他的生意很有帮助。

林特也觉得妻子的话很有道理，但始终没有办法原谅威廉。

一个多月过去了，林特总是处于这种矛盾中，一会儿觉得应该原谅威廉，他是个电脑专家，曾经帮助过自己；一会儿又想到，难道要原谅伤害过自己的人吗？不，不行。直到一位心理医生告诉他："你形成了一种心理障碍，这种障碍不仅会妨碍你与威廉的关系，也会妨碍你与他人的交往，你必须积极地清除它。"

林特终于鼓起勇气，给威廉打了一个电话，告诉他明天可以到办公室见他。第二天，他们谈得很顺利，林特还决定再次聘请威廉到公司工作，他对威廉说："我相信你不会再辜负我。"

后来，威廉对林特的公司尽心尽责，使公司的生意越来越红火，而他和林特的友谊也越来越牢固。

每个人都有犯错误的时候，朋友也不例外。当朋友损害了你的利益时，你应该以一颗宽容之心对待他，这样，不但你自己的心灵能得到解脱，你的宽容也能拯救朋友堕落的灵魂。而有了一颗宽恕之心，我们在原谅他人的同时，也能获得真诚的友谊。

生活中，很多人在面对自己的错误时，要么选择沉默，任人宰割，要么想尽办法来辩解。因为，当人们犯错误时，都希望自己能够得到宽恕，而不是被一棒子打死。但遗憾的是，在面对别人的错误，尤其是自己身边的人犯了错误时，人们处理的方式却往往会过激。

有的把别人骂得狗血淋头，有的则把别人的错误转过来自己承受……这样的表现并不能正确对待别人的错误，更不利于人与人之间的沟通和理解，是人际交往的一大障碍，同时也是对个人发展的一大阻碍。

动物王国的早朝会上，小鹿向狮王献上了一条振兴动物王国经济的计策。狮王听后，觉得很有价值，并具有可行性，便对众动物训诫道：

　不生气，你就总能赢

"你们身为朝廷重臣，可很多人只顾自己的个人利益，从不把国家大事放在心上，今后，你们要向小鹿学习，把国家的事当作自己的事，时时为国家多考虑点儿！"

"遵旨！"众大臣赶忙跪下。

"哼，就知道拍马屁！"海豹因为心里忌妒小鹿，便在后面低声说道。

"放肆！你在胡说些什么？"狮王一拍龙案，面带怒色道。

"我……我……"海豹见自己刚才说的话被狮王听到，吓得跪在地上不停地磕头。

"尊敬的大王，我离海豹最近，没听见它说什么呀！"小鹿站出来说道。

"罢了，今天看在小鹿为你说情的份上，我暂且饶过你。"狮王余怒未消地说。

退朝后，一帮大臣团团围住小鹿，问道："刚才我们都听到了海豹说你的坏话，可你为什么还在狮王面前为它求情？"

"我真的没听见海豹说什么。"小鹿微笑着对众大臣说。

"可你的耳朵不背呀！"大象追问道。

"的确，我的耳朵不背，但海豹那句话只进了我的耳朵，没进我的心。所以，我等于没有听到它说的那句话。"

在生活中，能真正做到对他人的话"入耳而不入心"的人没有几个。也正因为如此，我们更应该要求自己努力做到这一点，因为"装聋"能换来和平。

忽视别人的错误不仅能避免两败俱伤，而且能在没有硝烟的情况下夺得最后的胜利。

不为别人的错误而惩罚别人，是你的宽容大度；不为别人的错误而惩罚自己，能让你减少愤怒，获得快乐。

多一些理解，少一点抱怨

对他人多一些理解、宽容，少一些抱怨、唠叨，是做人的上上之策。

有时候，别人也许是错的，但他本人并不一定意识到这一点。此刻，千万不要去责备他，而应该试着去了解他，这样做的人才是聪明、宽容的人。

别人之所以那么想，一定有他的原因，当找出那个隐藏着的原因时，你就拥有了理解他行为的钥匙。

很多人在与人交往时，只要有一丝不快，不管是什么原因在任何场合都会大发牢骚。这种方式是消极的，也是令人讨厌的。牢骚发得太多，自己得到的恶果也就多。发牢骚在一般情况下有两种，一种是对家里人，另一种是针对外界，下面我们先来说对家人发牢骚的害处。

当拿破仑三世爱上了全世界最美丽的女人——玛利亚·尤琴，并且准备和她结婚时，他的顾问不同意，因为尤琴的父亲只是西班牙一位地位并不显赫的伯爵。

面对顾问的反对，拿破仑三世反驳说："那又怎样？她高雅、妩媚、年轻、貌美，她能让我的内心充满幸福快乐。"在一篇皇家文告中，他激烈地表示自己要娶玛利亚·尤琴的决心，他说："我已经选择了一位我所敬爱的女人，我从来没有遇见过像她这样的女人！"

拿破仑三世和他的新婚妻子拥有财富、健康、权力、名声、爱情、尊敬———一切都很完美，因为从来就没有婚姻之圣火会燃烧得那么热烈。

然而，拿破仑三世可以使尤琴成为一位皇后，但不论是他爱的力量还是他帝王的权力，都无法使这位法兰西皇后终止挑剔和发牢骚的习惯。

玛利亚·尤琴不断地抱怨、嫉妒、怀疑，最后竟然藐视拿破仑三世的命令，甚至不给他一点私人的时间。当皇帝处理国家大事的时候，她竟然冲入他的办公室；当皇帝与大臣们讨论最重要的事务时，她也干扰不休。她甚至认为，让皇帝独处，他就会跟其他的女人亲热。

尤琴还常常跑到她姐姐那里，数落自己丈夫的不好。不仅如此，她还不顾一切地冲进拿破仑三世的书房，不停地大声辱骂他。拿破仑三世虽然贵为法国皇帝，拥有十几处华丽的皇宫，却找不到一处不受干扰的地方。

尤琴这么做，能够得到些什么？

答案如下：拿破仑三世常常在夜间从一处小侧门溜出去，用头上的软帽盖着眼睛，在他一位亲信的陪同之下，去找一位等待着他的美丽女人。

要不就出去看看巴黎这个古城，看看皇帝所不常看到的街道，呼吸着本来应该拥有的自由的空气。

这就是尤琴抱怨所得到的后果。

不错，她是坐在法国皇后的宝座上，她也是世界上最美丽的女人。但在唠叨、抱怨的毒害之下，她的尊贵和美丽并不能保持住爱情。

尽管她歇斯底里地哭叫着说："我最怕的事情，终于降临在我身上。"而这厄运降临在她的身上，其实是她自找的。她的结局可怜，但一切都是因为她的抱怨和忌妒所引起的。

有位哲人说过这样一句话："在地狱中，魔鬼为了破坏爱情而发明的恶毒的办法中，抱怨是最厉害的。的确，抱怨的行为永远不会失败，它就像眼镜蛇咬人一样，总是具有破坏性，总是置人于死地。"

我们要知道，抱怨丝毫解决不了问题，它能起的作用仅仅是把不满的情绪表达出来，赢得一些赞同或附和，使因不满和怨气造成的心理压力减轻一些。

所以，对他人多一些理解、宽容，少一些抱怨、唠叨，是做人的上上之策。

要给别人留有余地

古人曾说："凡事要留余地。"意思就是指无论做什么，都要为对方留一点后退之路，不能把他往绝路上逼。因为事情总是在不断发展变化的，谁也不能保证自己一辈子顺风顺水。你为对方留余地，也就是为自己留一条生路。

如果做事太过分，没有分寸，只想着把对手往悬崖下逼，那么，先掉下悬崖的往往是你自己。

森林里，小动物们都和谐地生活在一起。某一天，狮子因为一点小事和小鹿吵了起来。因此，它对小鹿怀恨在心，暗暗发誓，要找机会除掉小鹿。

一天，小鹿在追赶一只蝴蝶，没有注意脚下的路，因此，掉入了一口井中。

井口离地面有两米多高。小鹿在井水里拼命扑腾着，想跳到地面上来。

狮子见了，几天前的怨恨涌上心头。它跑了过来，捡起一根木棍，趴在井边，使劲地捣井中的小鹿。由于生存的本能，小鹿在情急之中紧紧地抱住了木棍，想顺着木棍爬上来。

狮子大为恼火，它拼命往回抽木棍，想摆脱小鹿，哪知小鹿死死抓住木棍不放。狮子急了，为了抽回木棍，它便把身子往前倾了倾，却没想到由于身体失去平衡，它也一下子掉进了水井里。最后，狮子与小鹿都淹死在井里了。

狮子就是因为没有宽容之心，把仇恨放在了第一位，最后掉进井里淹死了。

所以，凡事不能把别人往死里逼，而应怀一颗宽容之心，做到得饶人处且饶人。

春秋末期，庞涓和孙膑同为当世高人鬼谷子的学生，两个人在鬼谷子的指导之下，文韬武略无所不习，成为当时的奇才。但庞涓为人心浮气躁，在学艺未得大成之时，便急欲立功扬名，于是便下山投奔魏国。在魏国，魏惠王非常信任庞涓，封其为大将军。

不久，孙膑也学成下山了。他德才兼备，智谋非凡，是个百世难遇的奇才。下山之初，因为没有根基，所以孙膑也前往魏国。

魏惠王得到消息，便征询庞涓的意见。庞涓心知自己略逊一筹，便说："孙膑是齐国人，我们如今正与齐国为敌，他若来了，恐怕有所不妥。"魏惠王说："如此说来，别国人就不能用了？"庞涓无奈，只得同意让孙膑前来。

孙膑来到了魏国，魏惠王与之一交谈就知道孙膑更是将帅之才，就想拜他为副军师，协助庞涓行事。

庞涓听了忙说："孙膑是我的兄长，才能又比我强，岂可做我的手下？不如先让他做个客卿，等他立了功，我再让位于他。"实际上，这是个计谋。

庞涓这样做是为了不让孙膑与之争权，然后再伺机陷害，而孙膑还以为庞涓一片真心，对他十分感激。

一天，一个齐国人捎来了孙膑的家书，大意是让他回家去。孙膑回了一封信，言称自己已在魏国做了客卿，不能随便走。凑巧的是，孙膑的回信竟被魏国人搜出来，呈给了魏惠王。

魏惠王见到信后，便问庞涓如何处置此事。庞涓一见机会来了，应答道："孙膑是大有才能之人，如果回到齐国，对魏国十分不利。我先去劝劝，如果他愿意留下，那就罢了；如果不愿意，那就交由我来处理。"魏惠王同意了。

庞涓当然没有劝孙膑，而是对他说："听说你收到一封家信，怎么不回去看看呢？"孙膑说："只怕不妥。"庞涓大包大揽，劝孙膑可放心探亲，孙膑颇为感动。第二天，便向魏惠王告假。

魏惠王一听孙膑要回乡，便称他私通齐国，命庞涓审问。庞涓故作惊讶，先放了孙膑，又装作向魏惠王求情。尔后，又神色慌张地向孙膑解释，他费了九牛二虎之力才保住了孙膑的性命，但黥刑和膑刑却不能免除。于是，孙膑脸上被刺字，膝盖被剔，终身残废。

后来，庞涓的阴谋被人揭破，孙膑装疯逃出魔掌。在马陵之战中，孙膑率军大败庞涓，庞涓终于为自己当初的所作所为付出了沉重的代价。

假如庞涓没有把孙膑往死里逼，他会有后来的悲惨结局吗？当然不会。因为孙膑对他一直心存感激。可见，一个人的最终结局与他为人处世的方法有很大的关系。如果懂得为别人留余地，在自己危难时，对方也会放你一马；如果平时喜欢把人往绝境上推，这样的人最后也不会落得好下场。所以，在生活中，我们做任何事都要给别人留有余地。

包容别人就是包容自己

在现实生活中，我们每个人都难免会与别人产生摩擦、误会，甚至仇恨。有的人心胸狭窄，无法容忍一点点委屈和伤害，他们信奉的是"有仇不报非君子"。其实，这样的人最终会自尝苦果。

得饶人处且饶人，这是我们每个人在社交处世中都应遵循的一条金科玉律。这是因为，一个人的成就与他自己所拥有的气度和胸怀是分不开的。心胸宽广之人，在宽恕他人时，也能够赢得他人的爱戴和信任。

一次，印第安人的后裔、墨西哥总统胡亚雷思到维拉克鲁斯视察。

到了维拉克鲁斯，他被迎进了卡利州长的官邸。州长给总统安排了最好的房间，但胡亚雷思借口奥坎波的房间更接近浴室，恳求和他交换。

在总统的一再要求下，奥坎波让步了。第二天清晨，胡亚雷思走出房间到浴室去，发现没有水，他拍了几下手掌，来了一名叫罗娜的女仆，她是个乡村妇女，已经不年轻了，还有点脾气。

"你要什么？"这个女仆问道。

"请打一点儿水来。"胡亚雷思请求她。

"你要乐意，就等着吧。好个爱干净的印第安人！我总得先尽力招待总统吧！"

胡亚雷思什么话也没说，就回自己房间去了。过了一刻钟左右，总统又请罗娜打点水来。

"你要乐意就等着，我得先伺候胡亚雷思先生！真不像话！没见过你这么不识相的人！这么着急，您就自己动手嘛，水龙头就在那儿！"罗娜说着指着庭院一角的一个盥洗处。

胡亚雷思没对发脾气的罗娜说什么，便走去打水洗漱了。

吃午饭的时候，这个女仆穿上了她最好的衣服，心情紧张地盼着见到总统，希望有机会伺候他。

突然间，她看见那个不识相的印第安人穿着一身黑色的大礼服，在主人卡利的陪同下，沿着走廊穿过大厅。

"那家伙也来了。"这个敦厚的女仆想。

当女仆看见大家一直等那个印第安人坐到他的高背椅上之后才敢入座时，她吓得面无人色，浑身哆嗦，不由得惊叫了一声。

大家转过身来看这位尴尬的女仆，胡亚雷思站起身来，亲切地拉着她的胳臂说："别害怕了，小姐。您不要担心，没有什么了不起的事嘛。如果您的工作是招待大家，那您就去做吧，因为这里每个人都应当尽自己的本分。"

胡亚雷思并没有用总统的身份来压制女仆，而是做到了宽容、谅解对方。这样的气度，值得我们钦佩。

人在愤怒的时候，总是容易说些伤害别人的话，用来显示自己的分量。但当我们冷静下来的时候，就会后悔曾经的冲动。所以，当你遇见生活中不如你所愿的事时，请你冷静下来吧，包容别人，也就是包容自己。

在人生路上，如果我们有容人之量，就会少一分阻碍、多一分快乐，而我们的人生旅途也会走得更加顺畅。

第四章

学会调节情绪，
活出别样人生

做自己情绪的主人

留心四周，你很容易就能找到正在生气发怒的人们。商店里，顾客和营业员吵架；出租车上，司机因交通堵塞而满脸怒色；公共汽车上，两人为抢占座位而大打出手……不胜枚举。

每个人都会或多或少有一些不良的情绪，所以我们经常免不了动怒。但是，你是否经常勃然大怒，是否让发怒成了你生活中的一部分？也许，你会为自己的暴躁脾气大加辩护，"人嘛，都有生气发火的时候""我要不把肚子里的火发出来，非得憋死不可"。在种种借口之下，你不时地生自己的气，也生别人的气，似乎成了一个莽汉。

其实，愤怒情绪是一种心病，对人是有伤害的。它同其他病一样，可以使你重病缠身、一蹶不振。

1936年9月7日，世界台球冠军争夺赛在纽约举行，路易斯·福克斯的得分一路遥遥领先，只要再得几分便可稳拿冠军了。就在这个时候，他发现一只苍蝇落在主球上，他挥手将苍蝇赶走了。可是，当他俯身击球的时候，那只苍蝇又飞回到主球上，他在观众的笑声中再一次起身驱赶苍蝇。这只讨厌的苍蝇破坏了他的情绪，更为糟糕的是，苍蝇好像是有意跟他作对，他一回到球台，它就又飞回到主球上来，引得周围的观众哈哈大笑。

路易斯·福克斯的情绪恶劣到了极点，他终于失去了理智，愤怒地用球杆去击打苍蝇，球杆碰到了主球，裁判判他击球，他因此失去了一轮机会。路易斯·福克斯方寸大乱，连连失利，而他的对手约翰·迪瑞则越战越勇，终于赶上并超过了他，最后拿走了桂冠。第二天早上，人们在河里发现了路易斯·福克斯的尸体，他投河自杀了！

这便是愤怒产生的后果，让一个原本骄傲的人丧失了生命。达尔文说："人要是发脾气，就等于在人类进步的阶梯上倒退了一步。"然而，处于情绪低潮当中的人们，容易迁怒于周遭所有的人、事、物。情绪的控制，有赖于智慧的提升，所以很多时候，我们对待不如意，只需要很简单的三个字：不迁怒！

有一位农夫，有一次在他家的地窖里整理仓库，结果一不小心把手表弄丢了，于是他多点了几盏灯，心烦气躁地到处寻找，结果还是一无所获。

后来他想出一个办法，他告诉几位小朋友，谁能找到手表就赏给他五分钱，于是有许多小孩加入了寻找的行列。但一个小时以后仍然不见手表的踪影。这时候大伙都不再寻找了，只有一个小孩例外，他等大家离开以后悄悄地进去找，结果真的被他找到了。农夫很高兴，同时也觉得很奇怪，就问他是怎样找到的。小孩回答说："很简单啦，我只是静静地坐在地上，不一会儿我就听到了'嗒嗒'的声音，所以就找到了。"

生活中的我们是否也像这个农夫一样，遇事总是不能平心静气地思索而是显得忙碌、急躁和不安呢？答案是肯定的。

　　不良的情绪恰如一粒不良的种子，不能给我们带来任何欢乐，也没给我们带来任何智慧。相反，却给我们带来了无穷的烦恼，以及越来越多的孤独。所以说，产生了不良情绪，我们就要控制自己，做自己情绪的主人，不要让我们的冲动把我们带到危机的边缘，防止其对人生产生恶劣的影响。

　　善于控制、治理自身情绪的人，能够消除情绪的负效能，最大限度地开发情绪的正效能。这种能力，对任何一个人来说都是很必要的。因为，善于管理自己情绪的人，无论在哪里，都会受到欢迎，在事业上亦较容易成功。而那些不善管理自己情绪的人，很少人愿意跟他做朋友。连朋友都交不上的人，想要成功恐怕难上加难。

　　善于控制情绪，才会真正掌握自己的命运。当你明白了情绪的变化所带来的利弊时，你就能体察到别人情绪的变化，能宽容那些怒气冲天的人，因为他们的心灵还很脆弱，尚未懂得控制自己的情绪；你也能原谅那些对你不恭的人，因为你知道明天他们就会改变，会变得随和可亲。

　　控制了自己的情绪，你就掌握了自己的命运，就能成为一个真正有出息的人、一个成功的人。当你已不再是一个情绪化的人时，你就会不再只凭自己的好恶来判断一个人，也不会再因一时的冲动与人绝交，你的视野会越来越宽阔，心胸会越来越博大，志向会越来越高远。

让坏情绪得到正确宣泄

对很多人来说，在成功的路上，最大的敌人其实并不是缺少机会，或资历浅薄，而是无法控制自己的情绪。在愤怒时，你不能遏制怒火，使周围的合作者望而却步，因而把事情搞得一团糟。

当然，一个人不能没有情绪，没有思想，在自己眼前发生的事情，不能完全控制自己的心情而不理不睬。因为，一个人不可能永远不发怒，不可能每一天都拥有好心情。而且一个人总是压抑自己的情感，尤其是愤怒，对健康是非常不利的。从心理学角度来说，适度宣泄长期积压的怒气，可以减轻或消除心理疲劳，把怒气发泄出来比让它郁积在心里要好，这样可以使你的心情变得轻松愉快。

适度地发泄自己的情绪会像夏天的暴风雨一样，能净化周围的空气，能倾吐出胸中的抑郁和苦衷，能缓解紧张情绪，可以使人变得轻松愉快。但如何宣泄，也是一门学问，所以，在宣泄的时候，一定要讲究方法、把握分寸，以一种合理的健康方式将坏情绪释放出去。

有一位富翁，对自己发泄怒气的方法如是说："当我自知怒气快来的时候，连忙不动声色地想办法离开，跑到自己的健身房。

如果我的拳师在那里，我就跟他对打；如果拳师不在，我就猛力地捶击皮囊，直到发泄完自己满腔的怒火为止。"

把笔当作武器，把心中的愤怒倾注在纸上，也是一种自我宣泄的方式。一般来说，通过写诗、记日记等方式就能够有效地宣泄郁积在心头的不平之气，使情绪恢复平静。同时，人们在情绪失衡状态下的感受，是非常有意义的一种体验。

美国钞票公司的总经理伍德赫尔宣泄怒气的方式也是用笔，但他有一点很特别，那就是他用的不只是普通的黑墨水，还有鲜艳的红墨水。

伍德赫尔很年轻的时候，在某公司做一个小小的职员。他感觉没有人重视他，因此很不悦。他说："有一个时期，我的这种感觉非常强烈，并渐渐扩大，以致我觉得自己不得不离此而去。但是在我写辞职信之前，我去拿了一支笔和一瓶红墨水——因为黑墨水不足以发泄我火热的愤怒，坐下来把我对公司中每个上级职员和经理的评判都写出来。我写得很不错，用了不少的形容词。然后我把单子收起来，把我的愤怒说给一位老友听。"

这位老友让伍德赫尔另外拿一瓶黑墨水来，把这些人的才能写出来，并把他自己所能做的事也写出来，同时计划在十年之中如何提升自己的地位。

然后他把这红黑墨水的两个单子互相比较，于是他的一切愤怒都消失了。

于是，伍德赫尔冷静地察看事实，决定仍旧在这里工作。

不生气，你就总能赢

"以后凡是我忍不住的时候，"伍德赫尔说，"我便坐下来把我想要说而不敢直说的话都写下来。我写了之后，便觉得一身清爽。这实在是一种很好的安全活塞，我把写的这些东西收藏起来，不给人看。一年一年之后，别人都知道我有一种自制的能力。因此，我劝告一般是在管理别人的人，无论年轻年老的，都学着写这种红黑墨水纸条，以约束自己。"

还有一种比较特别的释放方式，那就是在小事上发怒。这听起来是不可思议的，因为我们常常强调说不要在小事上发怒，但是一些小小的烦恼如果不释放出来，便会堆聚成一种长期的积愤，到大事来时便会一下子爆发，完全不能自制。还有一点重要的，如果对一些小事老是处于紧张状态，任其放纵，便会延至数天数星期之久。这样，你就难以消除坏情绪了。

所以一些人就选择在一些无关紧要的小事上发怒，这样就可以保持精力，养成面对大事时镇静的习惯，因为这时的耐心更为重要。

比特就有一个习惯，便是对小事容易发脾气，而对于严重的事却能若无其事。有一天他把一盒雪茄烟遗忘在汽车里了，过了一会儿他记起来，便回头去找，却已不见踪影。他非常愤怒，大声吼叫起来，旁边站着的人以为他是丢掉了很贵重的烟。

但事实上他丢失的是5分钱一支的雪茄烟，一共不过2元5角钱而已。而这次的情况，和那次损失一笔大款项时的情况比起来，简直是天壤之别，让人难以置信这两件事是一个人所为。

那正是经济恐慌时期，比特先生因卧病在床，有几天没出去。可就在这几天里，银行的几笔款项损失了大约 3 万元，而且是没有担保的。后来，当别人把这一损失告诉他的时候，他却只用手摸着头发，想了一想，然后说："算了吧，如果不打破几个蛋，是做不成软煎蛋的。"

发泄愤怒还有一种方式就是好好地休息一下，如果一个人的神经老是紧绷着，也容易让人感觉愤怒和烦躁不安。所以，这时候最好去放松一下心情，或去游历，或在乡野散步。至少你要找出使你烦躁的原因，然后再想办法解除。

总之，释放坏情绪的方式还有很多种，比如说你可以将这种坏情绪发泄在自己的工作上，直到自己累得筋疲力尽了，到这个时候，即便你心中有再大的火气，相信你都不会再去理会了。

时常微笑的你是最好的你

微笑，是人类最基本的动作。它似蓓蕾初绽，植根于美好的心灵，洋溢着感人肺腑的芳香；它让人告别寒冬，迎接春天的到来，也是对成功的嘉奖，对创伤的治疗。

一个失业的青年徘徊在台北火车站，望着车水马龙的繁华景色发愣。他想找一个有钱人的车撞上去自杀，以便让贫穷的老母亲得到一笔抚恤金过日子。

正在他万念俱灰的时候，一个高贵美丽的小姐经过他面前，对他微微一笑，并向他点了个头。这个青年一高兴，便忘了寻死了。第二天他居然找到了一份足以养家的工作，他更不想死了！

微笑的力量是不可思议的，它能在关键时刻拉人一把，像上面那位姑娘一样，一个微笑打消了失业青年自杀的主意，促其找到了一份合适的工作，并努力活了下去。

如果你早晨起床时给自己一个微笑，并对自己说"这一天多美好啊""我对这一天没有任何不快乐的权利"，那么，这天无论是阳光灿烂、阴天或其他天气，对你而言都不要紧了。如果要让你身边的人喜欢你，最好的方法就是时时保持微笑。因为，微笑的人总是在给别人带来好心情的同时，也给自己带来好的命运。

戴维是一名心理医生，他在纽约开了一家心理诊所。

一次，一位女性预约了星期三上午9点来戴维的诊所接受治疗。可是那天戴维在上班的路上，车子出了点毛病。等他赶到诊所时，比约定的时间迟了10分钟。

那位女性见到戴维进来，满脸不高兴。她怒气冲冲地说："已经是9点过10分了。我们约的是9点，我是个很守时的人。"

"我也总是很守时的。我希望你谅解，今天我实在没办法。"戴维微笑着说。

但是，那位女性单刀直入地说："我有一个非常重要的问题要问你，我希望你能给我一个答案。我想结婚！"她继续说，"每一次我与一个男性交朋友的时候，我知道接下来的事情就是他开始在我心中黯然失色，一次次机会就这样错过了。而且，我年纪也不小了。我把我的问题直截了当地告诉你。请你告诉我，为什么我不能结婚？”

戴维打量了她一下，认为她能够改变自己性格上的缺陷。

因此，戴维说：“好吧，现在我们来分析一下情况。很显然，你的精神状况良好，而且你的性格也不错。我可以说，你是一个非常漂亮的女孩。”

所有这一切都是事实，戴维尽可能地肯定了她各方面的优点。不过，他接下来说：“我认为我已经找到了你的弱点，它就是我上面提到的一点。在我们的约会中我迟到了10分钟，你就这样指责我，你对我的要求可以说是非常苛刻的。如果别人犯了严重错误，你会采取什么态度，我就可想而知了。我想，要是你总是这样严厉地要求一个男人，并且是你的丈夫，那么他的日子就会过得十分艰难。事实上，即使你结婚了，如果你总是这样去支配男人，那么，你的婚姻生活是不会令人满意的。”

接下来，戴维又说：“或许我可以告诉你，一般的男人都不喜欢被人支配，至少他心理上是这样想的。如果你不噘着嘴巴，我想你是非常迷人的。你应该温柔一点、体贴一点，多对人微笑，那么你不紧噘的嘴巴就显得温柔可爱了。”

那位女性听了戴维的话后，大声笑了起来。

她说：“你说的话确实有点难听，不过我知道该怎么办了。”

许多年过去了，戴维也忘记了她。

有一天，戴维在某个城市做完演讲后，一位可爱的女人和一位英俊的男人带着一个5岁左右的小孩朝他走来。

这位女性微笑着问戴维："难道你不认识我了吗？"

"我一生中见过的人实在太多，"戴维回答说，"坦率地说，我不认识你。我想以前我们没有见过面。"

于是这位女士用很多年以前戴维说过的那些话来提醒他。

"给你介绍一下我的丈夫和儿子。你对我说的那些话完全是对的。"她显得非常激动，"当时我去找你的时候，我非常沮丧，非常不高兴，那种情形是你不能想象的，不过我还是按照你所说的原则去实践了。这些原则很管用，我付出的努力都得到了回报。"

"玛丽是世界上最可爱的人，因为她温柔、体贴，并时常保持迷人的微笑。"她丈夫接着说道。

这个女人在改变了自己之后，解决了当初的烦恼，并建立了一个幸福的家庭，这一切源于是微笑的力量。所以说，微笑是对一个人最好的肯定与鼓励，它能消灭愤怒，抵制悲伤，让生活变得美好起来。

用微笑来面对生活

每个人来到这个世界上，他的容貌都是无法选择的，就像我们无法选择自己出生的国度、家庭、父母一样。如果你长得并不漂亮帅气，你可以展现笑容。虽然不能改变外表，但可改变气质。

美国著名歌唱家卡丝·戴莉有一副动人的歌喉，她唱起歌来婉转美妙，像百灵鸟一样，但她长着一口龅牙，十分难看。

在第一次参加歌唱比赛时，卡丝·戴莉总是顾及自己难看的龅牙，尽力避免将口张得太大。在唱歌时，她一方面要放声歌唱，一方面又要极力掩饰自己的龅牙，所以她的表演失败了。

后来的比赛几乎都是如此，因为她极力掩饰着自己的龅牙，导致了她不能完美地展现自己的歌喉，她渐渐地对自己感到绝望了。后来，有一个评委发现了她的歌唱天赋，告诉她："你有唱歌的天赋，你会取得成功，但你必须忘掉自己的龅牙。"

在这位评委的帮助下，卡丝·戴莉渐渐走出了龅牙的心理阴影。在一次全国大赛中，她极富个性化的演唱倾倒了所有观众，征服了评委，最终脱颖而出。

如果只盯着自己的缺陷，它只会告诉你自己是多么丑陋、多么不幸，这时小小的、不足挂齿的缺陷就会被放大成悲剧或灾难。我们应该明白，上帝为你关闭了一扇门，就一定会为你打开一扇窗。因此，我们不必为自己的平庸与丑陋感到自卑，只要善于发现，你完全可以从自己身上找到有价值的一面。

要生活得多姿多彩，关键是看你如何把握生活，享受生命。如果用微笑来面对生活，你即使在寒冷的冬天也会感到生活的温暖，在漆黑的午夜也会看到希望的曙光。用微笑来面对生活，用微笑来面对每个人每件事，你就会看到阳光灿烂，迎接你的必定是一路的鸟语花香。

有个小女孩长得有点丑，倒不是她的五官有什么问题，而是搭配得有点儿偏离正常比例。为此，这个小女孩十分自卑，常常怨天尤人，身边的人也从来没见过她展露笑容。

她的母亲当然了解女儿的心事。为了帮助她摆脱心理困境，她把女儿带到照相馆去照相。

母亲的要求很奇怪，她让女儿在拍照时要保持微笑，同时，要求摄影师不拍她女儿的整张脸，而是逐一对眼睛、鼻子、耳朵、嘴等五官单独拍特写。帮女儿拍完照后，她又拿出美国著名女星玛丽莲·梦露的头像，让摄影师翻拍，并把五官一一割开。

照片一出来，母亲就把女儿的五官照片和著名女星玛丽莲·梦露的五官照片一一对照地贴到女儿卧房的墙上。

每当女儿自卑的时候，母亲就让女儿看看那些被分割的照片，说："和世界上最著名的美女比较一下，你哪个地方会比她差？"

还未成年的女儿迷惑地看了看母亲，将信将疑。后来，她把自己的这些照片指给那些闺中密友看。密友在不知情的情况下，有的说她的眼睛比玛丽莲·梦露的眼睛迷人，有的说她的嘴巴更性感。渐渐地，她相信了母亲的话，觉得自己并不比玛丽莲·梦露丑，于是，她慢慢地开始微笑着对别人、对自己、对生活，自信也随之而来。

所以，面对你的缺陷，你不用再抱怨，不用再发牢骚，而是要用一颗乐观坚强的心，笑对人生。

没有好心情，干什么都不行

生活中，每个人都可能遇到一些不如意，甚至是极其不幸的事情。对待这些事一般有两种不同的态度：一种是面对现实，想办法适应，从而得到快乐；另一种是让苦恼与悲哀毁灭自己。显然，很多人会选择第一种。

因为，好心情是愉快生活的关键。没有好心情的人往往有很多烦恼、不满，看什么都不顺眼，听什么都不顺耳，对生活也失去了热情，自然干什么都不行。

大多数人都不知道如何从生活中得到好心情。相反，他们经常为坏心情所累。

有一个总是心情不好的人，一天晚上又莫名其妙地与妻子吵了一架。第二天当他开着车去上班的时候，由于心不在焉，遇到红灯却忘了踩刹车，被警察开了罚单；来到公司，他还在想着被罚的事，错把经理交给他去处理的文件扔进了碎纸机里；受了经理责备的他，耷拉着脑袋从经理办公室出来的时候，却又撞上了正泡了咖啡准备送给经理的秘书，弄得全身都湿了。

看看，心情低落的人，总是不能集中精力做事，最后什么事情都干不好。而拥有好心情的人，生活就会变得很美好，做什么事都会觉得高兴。

　　劳伦斯住在加州的一个小镇上，是一家商店的老板，他把自己如何获得好心情的过程讲了出来。

　　"我经常烦恼，没有一天不生活在重压之下。太太抱怨我，说我的脸每天都绷得紧紧的，像一面没有生气的鼓；孩子更是说我像僵尸，上学前不愿亲吻我……但是有一天，当我又绷紧神经，心里想着如何让商店的生意好起来时，我在街道上看到了一个镜头，顿时我的烦恼就烟消云散了，心情也豁然开朗起来。这件事虽然前后只有十秒钟，却使我学会了如何愉快地生活。那时，我正走着，突然看到对面有一个双腿俱残的男人朝这边走来，他坐在装有滑轮的小木台上，两手握着小木棍，抵住地面从而使木台滚动前进。

　　"当我仔细打量他时，他已穿过街道，为了走上人行道而将自己的身体抬高两三英寸，在使木台呈斜面的那一瞬间，我们四目相对。他露出微笑，用愉快的语调给我招呼道：'早安！今天天气不错吧！'

　　"这时，我才发觉自己是幸运的，我有两只脚，我能走路，我有什么理由自怨自艾呢？一个双腿俱残的人都不会丧失快乐和信心，我是肢体健全的人，为何不能做到这样呢？

　　"一想到这里，我的心情立即放松了下来。回到商店后，我以愉快的心情与每一位顾客打招呼；回到家里，当太太看到我边哼小曲边把大衣挂在衣柜里时，她主动上前拥抱了我；哦，还有我的宝贝女儿珍妮，也给了我一个甜甜的吻。现在，我感觉到放松心情的好处了。"

当你烦恼的时候，不妨学会放松自己的心情，当紧张的能量被放掉之后，身心才会得到完全的休息。

所以说，一个心情不好的人，无论干什么事，都不可能心如止水地将事情办好。我们要从原有的坏心情中、从烦恼的死胡同中走出来，才能拥有一个好心情，才能成功地做好我们想做的每一件事。

谨防坏情绪的连锁反应

人在心情不好的时候，总会不自觉地把坏心情抱得更紧，认为所有人都在和自己作对，自己也对所有事都看不惯。其结果是心情更坏、更难过。所以，人要学会放下坏心情，拒绝被它折磨才行。

在《星云禅话》中有一则故事，讲得很生动，对我们也很有启发。

一位旅者在经过险峻的悬崖时，一不小心滑倒了，情急之下他攀住崖壁上的一根树枝，此时他上下不得，只能祈求佛陀慈悲营救。

这时，佛陀真的出现了，并伸出手来接他，还说："好！现

　　不生气，你就总能赢

在你把攀住树枝的手放下。"

但是旅者说："把手一放，势必掉落深渊，粉身碎骨。"旅者反而把树枝抓得更紧，不肯放下。这样一位执迷不悟的人，佛陀也救不了他。

生活中，很多人就像这位旅者一样，遇到某一件不好的事情时，会不由自主地把它抱得更紧。其实，坏心情就是由于紧抓住某个念头，不肯松手去寻找新的机会，发现新的思考空间，所以才会陷入愁云惨雾中。然而，人只要肯换个想法，调整一下态度，或者修改一下作息时间，就能让自己有新的心境。只要我们肯稍作改变，就能抛开坏心情，迎接新的环境。

有一位哲人说过："困苦人的日子都是愁苦；心中欢畅者，则常享丰筵。"这段话的意思是告诫世人设法培养愉快之心，并把幸福当成一种习惯，那么，生活将成为一连串的欢宴。遗憾的是，在生活中具有这种心态的人不是很多，而像下面故事中那位秘书一样的人却不少，他们不懂得享受生活，常为一点小事情就把自己的心情弄得很糟糕。

一家公关公司的秘书，见男友领了薪水后没为她买礼物，反而给他的母亲买了一些营养品，便认为男友对自己不真心，只顾孝顺妈妈，于是气得大哭。第二天上班，秘书的下眼睑都是红肿的，接电话时的声音也僵硬了许多。就在她还为男友的事情愤愤不平时，有一位客户三番五次地打电话来。

"老板正在见客户。"她冷冷地说，"可不可以待会儿再打？"

"我可以留下电话吗？"

"你留吧。"她不耐烦地说。

"8734255。"

"现在的号码不是已经升8位数了吗？"她的声音像个严厉的家长，"先生，你前面应该加个6吧！"

"你可以自己加啊。"那头解释道。

"贵姓？"她的语气更加厌烦，心想赶快把这个讨厌鬼打发走。

"我姓方……"就在这位秘书想要把电话挂断的时候，那边继续说："我是锐志公司董事长，告诉你们老板，如果连他的秘书公关都做得这么差，我们今天下午的合同就用不着签了！"

很不幸地，这位董事长这天心血来潮给合作伙伴的公司打电话，发现了这个公关公司不会做公关的问题。这样的公司，值得信任吗？所以，该秘书的一通电话让公司失去了一个大客户。他们的经理知道这件事后，毫不犹豫地炒掉了她。

假如该秘书不为男友没给自己买礼物而心生怨恨，以致影响了心情，她所在的公司就不会遭此厄运了，而她自己也不会因此失业。

心理专家告诉我们："把令你沮丧的事放下，把无精打采的愁容洗掉，修饰一下仪容以增强自信，想着自己就是得意快乐的人。注意！装成高兴、充满自信的样子，你的心情就会好起来。很快地，你就会谈笑风生，笑容可掬。"

的确，只要我们懂得改变情绪，就能改变思想和行为。思想改变，情绪也会跟着改变。放下包袱后，我们才能轻装上阵，才能活得轻松、自在、惬意。

我们要想拥有好心情，就得摆脱原有的坏心情，从烦恼的死胡同中走出来。请注意，当你放下心情的包袱时，要好好检查清楚，看看哪些是事实，把它留下来，设法解决；看看哪些是垃圾，是给自己制造困扰的想法，要狠下心来把它抛开。这样你就能应付自如，并且能够带着好心情和清醒的头脑快乐生活、工作。

心态的改变，就是命运的改变

英国的索冉指出："逆境不应该成为颓丧、失志的原因，而应该成为新鲜的刺激。"因此，身处逆境时，我们要做的第一件事就是调整心态，使自己能从容地面对各种挫折。

香港富豪霍英东出生时，家里很穷。在苦难中长大成人的他，进入社会后的第一份工作是在一艘旧式的渡轮上做加煤的工作，但做了不久就被老板炒了鱿鱼。

霍英东天资聪颖，人又勤奋，为什么会被解雇呢？原因是他家太贫穷，长期营养不良，体重只有90多斤，瘦骨嶙峋，根本无法承担夜以继日的高强度的体力劳动。

后来，霍英东在启德机场当苦力，每天有七毛半工资及半磅米。他说:"为了省钱,我每天清晨5时就由湾仔步行至天皇码头,坐一角钱的船过九龙,再骑脚踏车前往启德机场。"可是由于体力不足,他在扛货时,一只手指被压断了。

工头看他可怜,便安排他做修车学徒,但他爱好冒险,擅自驾车不小心撞上了另一辆货车,于是又被解雇了。此后,霍英东曾应征做铁匠,却因为太瘦弱而没有成功;又上船做装订的工作,但很快再次被炒了鱿鱼;接下来,他又到太古糖厂做制糖的工作。

一次又一次的苦难,并没有击垮霍英东,反而磨炼了他的意志,培育了他的坚强性格。将近而立之年时,霍英东终于时来运转,在短短几年间就发了一笔大财。不久,他又向房地产进军,并参与航运业、娱乐业经营,终于跻身于华人超级富豪的行列。

俗话说:吃得苦中苦,方为人上人。霍英东正是把挫折当成了一种磨炼,当成成功的基石,最终获得了成功。因此,面对挫折,我们要调整好自己的心态。只有拥有好的心态,才能成为一个成功的人。

巴雷尼小时候因病成了残疾,他母亲的心就像刀绞一样,但她还是强忍住了自己的悲痛。她想,孩子现在最需要的是鼓励和帮助,而不是妈妈的眼泪。

母亲来到巴雷尼的病床前,拉着他的手说:"孩子,妈妈相信你是个有志气的人,希望你能用自己的双腿,在人生的道路上勇敢地走下去! 巴雷尼,你能够答应妈妈吗?"母亲的话像铁锤一样撞击着巴雷尼的心扉,他"哇"的一声扑到母亲怀里大哭起来。从那以后，妈妈只要一有空，就帮巴雷尼练习走路、做体操，常常累得满头大汗。

体育锻炼弥补了残疾给巴雷尼带来的不便。母亲的榜样作用更是深深地教育了巴雷尼，他终于经受住了命运的严酷打击。他刻苦学习，成绩一直在班上名列前茅。最后，他以优异的成绩考进了维也纳大学医学院。大学毕业后，巴雷尼以全部精力，致力于耳科神经学的研究。最后，终于登上了诺贝尔生理学或医学奖的领奖台。

这便是挫折所产生的力量，能够让一个人自强不息，化不幸为前进的动力。而我国著名数学家华罗庚也是在挫折中成长并成功的人。

华罗庚中学毕业后，因交不起学费而被迫失学。

回到家乡，华罗庚一面帮父亲干活，一面继续顽强地读书自学。但不久后，他又身染伤寒，病势垂危。他在床上躺了半年，痊愈后，却留下了终身的残疾——左腿的关节变形，他瘸了。当时，他只有19岁，在那迷茫、困惑，近似绝望的日子里，他想起了双腿被废后著《孙膑兵法》的孙膑。"古人尚能身残志不残，我只有19岁，更没理由自暴自弃，我要用健全的头脑代替不健全的双腿！"

青年华罗庚就是这样顽强地和命运抗争的。白天，他拖着病腿，忍着关节剧烈的疼痛，拄着拐杖一颠一颠地干活；晚上，他在油灯下自学到深夜。1930年，他的论文在《科学》杂志上发表了，这篇论文惊动了清华大学数学系主任熊庆来教授。后来，清华大学聘请华罗庚当了助理员。在名家云集的清华园，华罗庚一边做助理员的工作，一边在数学系旁听，还用四年时间自学了英文、德文、法文，并发表了 10 篇论文。在 25 岁时，华罗庚成了蜚声国际的青年学者。

华罗庚在遇到困难和挫折时，能够奋发向上，自强不息，征服挫折和失败，在挫折与失败中获得成功。然而，很多人在遇到困难和挫折时，往往自暴自弃，首先想到的是自己不行了，从而放弃了努力奋斗，因此也放弃了成功的机会。

不管你从事什么工作，不管你处在什么样的社会环境中，我们都会偶尔面临逆境。我们要像华罗庚一样，虽然经历磨难，但终将收获一个好的结果。另外，面对挫折时，一定要把心态放正。心态改变了，命运也会随之改变。正如世界著名的潜能学大师安东尼·罗宾所说："影响我们人生的绝不是环境，也不是遭遇，而是我们持什么样的心态。"

"退"即是"进"，"舍"就是"得"

有些人喜欢争辩，有理要争理，没理也要争三分；有些人不论国家大事，还是日常生活小事，一见对方有破绽，就死死抓住不放，非要让对方败下阵来不可……但是，他们没有意识到，一份友情也就此消失。

适当的谦让不仅不会招致危险，反而是寻求安宁的有效方式。个人生活中，除了原则问题必须坚持外，对于小事，对于个人利益，谦让一下会带来身心的愉快以及和谐的人际关系。有时，这种"退"即是"进"，这种"舍"就是"得"。

有两个小和尚为了一件小事吵得不可开交，谁也不肯让谁。

第一个小和尚怒气冲冲地去找师父评理，师父在静心听完他的话之后，郑重其事地对他说："你是对的！"于是第一个小和尚得意扬扬地跑回去宣扬。

第二个小和尚不服气，也跑来找师父评理。师父在听完他的叙述之后，也郑重其事地对他说："你是对的！"

待第二个小和尚满心欢喜地离开后，一直跟在师父身旁的第三个小和尚终于忍不住了，他不解地向师父问道："师父，您平时不是教我们要诚实，不可说违背良心的谎话吗？可是您刚才却对两位师兄都说他们是对的，这岂不是违背了您平日的教导吗？"师父听完之后，不但一点也不生气，反而微笑着对他说："你是对的！"

第三位小和尚此时才恍然大悟，立刻拜谢师父的教诲。

通过这个故事我们可以知道，如果能够有一颗善解人意的心，得理也让三分，凡事都以"你是对的"来先为别人考虑，那么很多不必要的冲突与争执就可以避免了。

为人处世，要有退让一步的态度才算高明。让一步就等于为日后的进一步打下基础，给朋友方便，实际上是给自己留下方便。如果经常为一些鸡毛蒜皮的小事争得面红耳赤，谁都不肯甘拜下风，以致大打出手，是非常不值得的。事后静下心来想想，当时若能忍让三分，自会风平浪静，大事化小，小事化了，最终言归于好。事实上，越是有理的人，如果越表现得谦让，越能显示出他胸襟坦荡、富有修养，反而更能得到朋友的钦佩。

"小姐！你过来！你过来！"一位顾客高声喊着，并指着面前的杯子，满脸寒霜地说："看看！你们的牛奶是坏的，把我一杯红茶都糟蹋了！"

"真对不起！"服务小姐一边赔着不是，一边微笑着说，"我立即给您换一下。"

新红茶很快就准备好了，碟子和杯子跟之前的一样，放着新鲜的柠檬和牛奶。小姐轻轻地将新红茶放在顾客面前，又轻声地说："我是不是能建议您，如果放柠檬就不要放牛奶，因为有时候柠檬酸会造成牛奶结块。"

那位顾客的脸一下子红了，匆匆喝完茶，走了出去。

有人笑着问服务小姐："明明是他错了，你为什么不直说他的错误呢？他那么粗鲁地叫你，你为什么不还以颜色？"

"正是因为他粗鲁，所以我要用婉转的方式对待他。正是因为道理一说就明白，所以用不着大声。"服务小姐说。

如果这位小姐据理力争，不仅不能解决问题，还会让那位顾客更理直气壮。而她选择了退让，让事情得到了很好的解决，也让自己的形象变得高大起来。

退让三分，必须在一个"忍"字上下功夫，要学会忍耐别人的小缺点、小错误，甚至要忍耐朋友的不公和无礼。假如有人误解了你，当时他正在气头上，那么你最好不要去辩解，即使他口不择言，你也要学会原谅他。事后，当他知道真相时，他自然对此表示歉意。活在世上，事情本来就千头万绪，又何必再为一些小事徒增烦恼呢？聪明的人都善于把精明智慧放在心上。须知智慧不是一个戴在脸上的华丽面具，不是老挂在嘴旁的口头禅，它只应体现在踏踏实实的人生进程中。

所以，我们在待人接物时，要善于发现别人的长处，尊重别人，不要动辄口无遮拦地对别人品头论足，议论别人的美丑贤愚，老揪住别人的小过失不放。如果我们不会尊重人，就会影响人与人之间的亲密关系。同理，平日不可因追求一时的口舌之快而作意气之争，更不可因意气用事而得理不饶人，应做到有理也要让别人三分。

批评是无价的收获

每个人都免不了犯错误，而你犯了错误，身边的人可能用难听的话批评你。此时，我们不应该怨恨这个批评者，而是应该感谢他，因为他指出了我们的缺点，让我们有机会改正，并有机会进步。

　　乔治·罗纳曾经是维也纳一位较有名气的律师，第二次世界大战期间，他被迫逃到了瑞典，从此开始了一文不名的生活。

　　乔治深知，他必须找到一份工作，否则将无法生存。乔治的外语非常好，能说并能写好几国语言，所以他希望可以在一家进出口公司担任秘书的工作。然而，几乎所有的公司都回信告诉他，因为正在进行战争，他们不需要新的秘书，不过他们会把他的名字存在档案里，如果以后有需要会通知他。

　　有一家公司的回信却令乔治十分气愤，信中说道："你对我的生意了解太少了，你完全不理解这个工作的性质，就连用瑞典文写的求职信也是漏洞百出，我们根本不需要任何替我写信的秘书，即使需要，也不会请你。"

　　乔治当即就准备回信反驳并痛斥那个发信人一顿。可是信写了一半，他就停了下来，他思考着："也许这个人说得也不无道理。我修过瑞典文，可是这并不是我家乡的语言，也许我的确犯了许多我并不知道的错误。如果是这样的话，那么我想得到一份工作，就必须再努力学习。虽然他用这种难听的话来表达他的意见，但是对我是一个帮助。我应该做的，不是回信谩骂，而恰恰是要感谢他呀！"

　　于是，乔治又重新开始写起了感谢信："您在百忙之中能回信给我，并且指出了我的很多错误和不足，这对我实在是太有帮助了。对于我把贵公司的业务弄错的事，我感到非常抱歉。我之所以写信给您，是因为我听说您是这一行的领军人物。我并不知道我的信上有很多文法上的错误，我觉得很惭愧，也很难过。我现在打算更加努力地学习瑞典文，以改正我的错误，希望有一天能用正确无误的瑞典文再一次写求职信给您。"

出人意料的事情发生了，几天后，乔治再一次收到了那个人的来信，他请乔治去他们公司一趟。乔治应约前往，并最终得到了一份他梦寐以求的工作。

对于那些批评和指责你的人，你的态度会是怎样的呢？愤怒、不屑，还是反驳？请不要这样做，因为能够指出你错误的人，恰恰是你最应该感谢的人，因为他给你提供了一次可以改掉缺点、完善自我的宝贵机会。乔治感谢了批评他的人，从而得到了一份理想的工作，如果你能做到，也许收益还不止这些。

有位哲学家说过这样一句话：批评你的人是你今天的敌人，明天的朋友；吹捧你的人是你今天的朋友，明天的敌人。所以，我们要学会感谢那些毫不留情地指出你的缺点的人，因为正是他们使你进步。

当别人批评你时，你千万不要为此而感到不悦，因为批评你的人可能就是最关心你的人，因为他在为你分忧，哪怕他说得不对。所以，无论是好意或恶意的批评，甚至是尖锐的批评，你都应该高兴地接受并加以分析，这对于一个有志者来说往往会成为促使其成功的原动力。

感谢批评，既需要宽阔的胸怀，又需要一种崭新的视角。古人倡导的"闻过则喜""言者无罪，闻者足戒"，都属于"感谢批评"的范畴。

我们应该意识到，批评是关心。有人帮我们及时扫除思想作风上的"灰尘"，我们才能少犯错误、少走弯路。"揭短短变长，护短长变短"讲的就是这个道理。让我们在开展批评与自我批评的同时，别忘了"感谢批评"。因为，这对于我们来说，是无价的收获。

你的态度决定你的心情

有一位哲人说过：当你无法改变一些已经发生的事实时，你要学会忘记，而不要无谓地埋怨与惋惜。

一位很有名气的心理学教师教学生的方法非常与众不同。一天给学生上课时，教师拿出了一只十分精美的咖啡杯，当学生们正在赞美这只杯子的独特造型时，教师故意装出失手的样子，咖啡杯掉在水泥地上成了碎片。这时学生中不断有人发出了惋惜声。教师指着咖啡杯的碎片说："你们一定对这只杯子感到惋惜，可是这种惋惜也无法使咖啡杯再恢复原形。今后在你们的生活中如果发生了同样无可挽回的事时，请记住这只破碎的咖啡杯。"

这是一堂很成功的心理教育课，学生们通过摔碎的咖啡杯懂得了：人在无法改变失败和不幸的厄运时，要学会接受它、适应它、忘记它，而不要一味埋怨和惋惜。

"真倒霉，又塞车了""这鬼天气，又下雪了""可恶的主管，明知我不擅长交际，竟然还把我派到业务组"……

这些埋怨的话也许你耳熟能详，也许你熟视无睹，也许你身边就有这样的朋友。这些朋友好像从来就没有过顺心的时候，什么时候与他们在一起，都会听到他在不停地抱怨。高兴的事他抛在脑后，不顺心的事他总挂在嘴上。他把自己的处境搞得很糟糕，把别人也搞得很不安。

有这样一个人，别人从来就没有从他嘴中听到他说过"今天真高兴""今天天气不错"等这样让人心情轻松舒畅的话语。

每日每时，他都会有许多不开心的事，他总在不停地抱怨。其实，他所抱怨的事也并不是什么大不了的事，而是在日常生活中经常发生的一些小事情，其他人也会遇到。但明智的人对他的牢骚会一笑置之，因为有些事是不可避免的，有些事是无力改变的，有些事情是无法预测的，能补救的则尽力补救，无法改变的也就坦然受之，调整好自己的心绪去做应该做的事情。

但有的人就像上面提到的那个人一样，一遇到不高兴的事就挂在嘴上，搞得自己的情绪很糟，身边的人也疲惫不堪，见到他就想躲。在这样一种精神状态下，不难想象，他犯错误的概率自然也比别人高，许多新的不顺又在后边等着他，那么他又要开始新一轮的抱怨、沮丧、出错、倒霉……他自己还不明白：我运气为什么总是这样差，那些能力不如我的人为什么总是干得比我好，他们的运气为什么总比我好?

而有的人却不一样,他们从不因外界因素而影响自己的心情,影响自己的决定,他们总是抱着一种乐观的心态去面对生活中的一切。

一个用餐的客人问服务生:"明天天气预报如何?"

服务生肯定地说:"会是我喜欢的天气。"

客人不解地问:"你怎么知道是你喜欢的天气?"

服务生回答说:"我发现环境不是我能改变的,但我的心情是可以改变的,所以,我善于适应我所遇到的一切。因此,明天天气一定是我喜欢的。"

可见,一个人的态度决定他的心情,甚至决定他的际遇。要知道,生活中不如意的事常常发生,我们不可能保证事事顺心。对于无法改变的事,我们要坦然面对;对于摇摆不定的事,要往好处想,不要总把一些消极的东西堆在心里,把乌云布在脸上,把牢骚挂在嘴边。这样,才能使自己多一分愉快、少一分烦恼。

远离忌妒的怒火

亚里士多德是古希腊最伟大的哲学家之一,曾经有人问他:为什么心怀忌妒的人总是心情不好?

亚里士多德回答:"因为折磨他的不仅是他自身所受的挫折,

还有别人的成就。"

莎士比亚是英国文艺复兴时期杰出的戏剧家和诗人，他曾说："忌妒是绿眼妖魔，谁做了它的俘虏，谁就要受到愚弄。"可见，忌妒心理是人生的一大祸害，它不但害人还害己。

在日本明治时期，岚山的春天景色很迷人，到处都是烂漫的樱花。于是，京都大户人家的太太、小姐都喜欢来这里观赏樱花。

一位京都来的女游客因为内急而不得不来到一户肮脏的农家门口，向主人八兵卫请求借用厕所。

贫穷而又善良的八兵卫同意了，带她来到厕所。这厕所也太简陋了，风一吹，草帘飘动，外面的人能隐隐约约地看见里面的如厕者。女游客又羞又窘，却又无可奈何。

看见女游客的这副窘态，八兵卫便动起了脑筋，修盖了一间干净的厕所，挂上一张告示牌，上面写着几个歪歪斜斜的字：租用厕所，一次三文。

这个春季，八兵卫家有了一笔可观的收入。

村里有个人忌妒八兵卫，便对妻子说："明年春天，我们也盖一间比八兵卫家更漂亮更干净的厕所出租，要赚得比八兵卫还多，到时我也笑给他看看。"

经过一番艰苦的准备，这个人总算赶在赏樱花的日子之前把漂亮的厕所修建好了，连告示牌也是拜托和尚制作的，上面的内容是：租用厕所，一次八文。

不管是京都仕女还是一些有钱的官宦人家，都认为上一次厕所八文确实太贵了，因此都望而却步，纷纷转向八兵卫家。"你看见了吗？"妻子敲着榻榻米说，"我早就叫你别盖，搭了这么多本钱，可怎么得了啊！"

"不要唠叨嘛，只要我明天到客人那儿去转一圈儿，保证光顾的人会像蚂蚁一样成群而来。我明天要早起，给我准备好盒饭。"

妻子非常纳闷，丈夫说到客人那里转转，是不是到京都去游说，宣传出租厕所呢？在她一筹莫展的当口儿，一个穿得很漂亮的女孩往钱箱里投放了八文钱，使用了厕所。接着进进出出，使用厕所的客人络绎不绝，妻子十分惊异。

喜形于色的妻子买来了酒等待着丈夫，不料村里人却抬回了他的尸体。

"他长时间蹲在八兵卫家的厕所里，可能是被臭气熏死的。"村里的医生说。

毫无疑问，这个村民的死亡是非正常的。从表面上看，他是被厕所的臭气熏死的，但更深层的原因是他的忌妒之心害死了他。因此，忌妒是一种难以公开的阴暗心理，它常给人们造成一种严重的心理危害，也让人经常处于愤怒之中。

你要明白，忌妒是没有意义的，只会浪费你的情绪，使你不再一心专注于自己本来追求的东西，而别人却不会因为你的妒忌而损失什么。最关键的是，别人得到的东西，不一定比你现在拥有的更好。因为，人都是各有所需，别人得到的东西未必是你想要的。

不过，忌妒是可以医治的，药方之一便是"快乐"。简而言之，人要善于从生活中寻找快乐，就像忌妒者随时随处为自己寻找痛苦一样。

如果一个人总是想："为什么他能轻而易举地挣那么多钱，我却一贫如洗？""谁让他比我快乐！"如此一来，忌妒者便会永远陷于痛苦中。

快乐是一种情绪心理，忌妒也是一种情绪心理。何种情绪心理占主导地位，主要靠人来调整。也只有打开了心中的结，你才能拥有快乐的心情。

该妥协时就妥协

"绝不妥协"一词显示了人们的骨气和刚性，一直以来深为人们所称道。但是，凡事无绝对，这种处世原则也并非放之四海而皆准。

老子曾说："万物负阴而抱阳，冲气以为和。"阴阳本来是互不相容的两个矛盾体，然而自然要想达到和谐，阴阳就必然要相容，同样，很多矛盾都是如此，如果想要解决问题，对立的双方就必须有大气，才能容得了对方。特别是在社交中，我们更要有妥协的度量。

晋代人裴遐在东平将军周馥的家里做客。两人开始下围棋时，周馥的司马过来劝酒。

裴遐正玩在兴头上，所以，递过来的酒没有及时喝。

司马很生气，以为轻慢了他，就顺手拖了裴遐一下，结果把裴遐拖倒在地。在旁边的人都吓了一跳，以为这种难堪是难以忍受的。

谁知裴遐慢慢爬起来，坐到座位上，举止若定，表情安详，若无其事地继续下棋。

王衍后来问裴遐，当时为什么表情没有什么改变。裴遐回答说："仅仅是因为我当时很糊涂。"

裴遐不显山不露水，以妥协化解了一场纠纷，看似木讷、迟钝、迂腐，实则是大智者。

善于妥协，不仅是一种明智，也是一种美德。能够妥协，意味着将对方的利益看得和自身利益同样重要。在个人权利日趋平等的现代生活中，人与人之间的尊重是相互的。只有尊重他人，才能获得他人的尊重。

因此，善于妥协就会赢得别人更多的尊重，成为生活中的智者和强者。

《忍经》上有这样一则故事：刘伶曾经喝醉酒，与一俗人发生冲突。那人挽起衣袖，握拳冲过来。刘伶说："我这像鸡肋一样的身子抵挡不住老兄的拳头。"那人大笑而收起拳头。刘伶以妥协避免了一场争斗。

当与别人相处时，我们还需要一些理性的妥协。理性的妥协是消除"应激反应"、适应社会环境的一种健康的心态，更是人际关系中的一种良好的合作行为，就像在两个不同的数字之间去寻找一个公约数。

但是，理性的妥协并不等于麻木、怠惰、迂腐和世俗，并不意味着放弃原则、一味地让步，而是一种宽怀、忍让，是糊涂策略中的一项艺术。妥协是人在群体生活当中必须学会的一种本领和技能。妥协需要一种高超的忍耐和涵养。

妥协是人际交往中不可或缺的润滑剂，发挥着越来越重要的作用。比如在市场上，买家与卖家经过讨价还价，最终以双方的妥协而成交。

于个人来讲，妥协能够使人进退自如；于团队来讲，妥协能够沟通意见、团结同事，形成战斗力；于世界来讲，妥协能够加深理解、达成共识，化干戈为玉帛。

生活中的事总会有些说不清道不明或不尽如人意的地方，但为了生活的微笑，为了缓解情绪，为了给人生航程"清淤"，你不妨学会理性的妥协。

折磨你的人是你的新鲜空气

感激伤害你的人，因为他磨炼了你的心志；感激欺骗你的人，因为他增进了你的见识；感激鞭挞你的人，因为他清除了你的业障；感激压抑你的人，因为他拓展了你的心胸；感激身边的对手，因为他让你学会了生存；感激曾经的男人，因为他让你学会了保护；感激忌妒的女人，因为她让你学会了包容；感激爱你的人，因为他让你懂得了什么是爱。感恩的心，感谢有你，感谢所有的好人、坏人，男人、女人、老人、小孩。

有一本书曾经这样写道：人生活在这个世界上，总会经历这样那样的烦心事，这些事总是折磨人的心，使人不得安稳。尤其对于刚毕业的大学生来说，刚在社会中立足，还未完全成长起来，却要承受这个社会的种种压力。

其实，世间的事就是这样，如果你改变不了世界，那就改变你自己吧。换一种眼光去看世界，你会发现所谓的"折磨"其实都是促进你生命成长的"清新氧气"。

人们往往把外界的折磨看作人生中纯粹消极的、应该完全否定的东西。当然，外界的折磨不同于主动的冒险，冒险有一种挑战的快感，而我们忍受折磨总是迫不得已的。但是，人生中的折磨总是完全消极的吗？清代金兰生在《格言联璧》中写道："经一番挫折，长一番见识；容一番横逆，增一番气度。"由此可见，那些挫折和横逆的折磨对人生不但不是消极的，还是一种促进你

不生气，你就总能赢

成长的积极因素。

生命是一次次的蜕变过程。唯有经历各种各样的折磨，才能拓展生命的厚度。只有一次又一次与各种折磨握手，历经反反复复几个回合的较量之后，人生的阅历才会在这个过程中日积月累、不断丰富。

在人生的岔道口，若你选择了一条平坦的大道，你可能有一个舒适而享乐的青春，但你会失去一个很好的历练机会；若你选择了坎坷的小路，你的青春也许充满痛苦，但人生的真谛也许就此被你打开了。

蝴蝶的幼虫是在一个洞口极其狭小的茧中度过的。当它的生命要发生质的飞跃时，这天定的狭小通道对它来讲无疑成了鬼门关，那娇嫩的身躯必须竭尽全力才可以破茧而出。许多幼虫在往外冲杀的时候力竭身亡，不幸成了飞翔的悲壮祭品。

有人怀了悲悯恻隐之心，企图将那幼虫的生命通道修得宽阔一些，他们用剪刀把茧的洞口剪大，这样一来，所有受到"帮助"而见到天日的蝴蝶都不再是真正的飞行精灵——它们无论如何也飞不起来，只能拖着丧失了飞翔功能的双翅在地上笨拙地爬行！原来，那"鬼门关"般的狭小茧洞恰是帮助蝴蝶幼虫两翼成长的关键所在，穿越的时候，通过用力挤压，血液才能被顺利输送到蝶翼的组织中去，唯有两翼充血，蝴蝶才能振翅飞翔。人为地将茧洞剪大，蝴蝶的翼翅就没有了充血的机会，爬出来的蝴蝶便永远与飞翔绝缘。

一个人成长的过程恰似蝴蝶的破茧过程，在痛苦的挣扎中，意志得到磨炼，力量得到加强，心智得到提高，生命在痛苦中得到升华。

当你从痛苦中走出来时，就会发现，你已经拥有了飞翔的力量。如果没有挫折，也许就会像那些受到"帮助"的蝴蝶一样，萎缩了双翼，平庸过一生。

只有经历过风雨，才能增长经验，你才能离成功更近一步。

第五章

忍者无敌，忍耐是成功路上的必修课

讽刺为难击不垮高度自制者

生活中,总能遇到一些人用恶意的话抨击你、为难你,而此刻,你的情绪肯定受到影响。面对这些刻意的刁难,我们一定要控制住自己的情绪,用平和的心态去面对突如其来的打击,做到别人为难你,你自己不为难自己。只要做到了这点,你就能找到生活的乐趣,走出人生每一个可能遇到的低谷。

康农是一位来自美国伊利诺伊州的议员。在其上任不久后的一次会议上,他受到了另一位议员的嘲笑:"这位从伊利诺伊州来的先生,口袋里恐怕还装着燕麦呢!"

这句话是讽刺康农身上带有农民气息!虽然这种嘲笑使他非常难堪,但也确有其事。这时,康农并没有让自己的情绪失控,而是从容不迫地答道:"我不仅在口袋里装有燕麦,而且头发里还藏着草屑。我是西部人,难免有些乡村气,可是我们的燕麦和草屑,却能生长出最好的苗来。"

面对讽刺之言,康农并没有恼羞成怒,而是很好地控制住了自己的情绪,并就对方的话"顺水推舟",做出了绝妙的回答。康农不仅自身名誉没有受到损失,反而因此而闻名于全国,被人们恭敬地称为"伊利诺伊州最好的草屑议员"。

愚蠢之人往往用情绪来左右行为，而智慧之人则用行为来控制情绪。就像案例中那个美国伊利诺伊州的议员一样，没有因别人的嘲笑和轻蔑而窘态毕露，反而用机智的回答赢得了众人的尊敬，并以平和的情绪避免了不愉快的场面发生。

任何人在遇上不公平的事，或者被人为难的时候，情绪都会受到影响。这时一定要控制自己的情绪，用平和的心态去面对突如其来的打击，这样才能使自己走出人生的低潮，才能有好运气。否则，只能是别人的笑柄而已。

然而，很多人都错误地认为，遇到了别人为难自己，让自己的情绪不加控制地表现出来，是性格率直，是一种可爱的表现。并且认为这样的人心地单纯，没有城府，交往起来更让人放心。但是，我们必须认识到，在很多场合、很多时间里，我们不可以随便发泄情绪。所以，自我控制情绪便显得非常重要了。如果你很愤怒，那么不妨把使你产生愤怒的事情记录下来。

下面是选自一位母亲"愤怒日志"的一些片段。当时她正努力想弄明白为什么会经常发怒：

我感到非常心烦，因为孩子们老是在房间里跑来跑去，虽然我告诉过他们不要这样。

为什么非要等我生气了，才会有人明白我需要别人帮我干家里的活呢？

如果再有人对我说我生气毫无理由，我想我会发疯的。让我生气的理由这么多，他们却看不见。

我意识到我需要帮助，只是不知道该向谁求助。

这些记录可以帮助这位母亲进行自我反省，这种反省将使她最终能自我纠正。而等到她能控制自己的愤怒时，这一切事情就都变得微不足道了。孩子们会更加亲近她，她跟朋友之间的关系会更近，好运气也会一直跟随着她。

众所周知，愤怒会使人失去理智。在许多场合，不可抑制的愤怒都会使人失去解决问题和冲突的良好机会。而且，一时冲动的愤怒，往往在事情过去后就得付出高昂的代价。因为愤怒，你可能从此失去一个老客户，失去一位朋友，失去一份令人羡慕的工作，甚至导致婚姻的破灭。所以，当我们遇到意外事件时，要学会控制自己的情绪，动不动就发怒只会起到相反的作用。而及时制怒，做到有礼有节，则会得到别人的尊重。

强者都会适当地控制自己的情绪，即使是强烈的反差，他们也会强迫自己保持最好的状态。因此，总是产生不良情绪的人一定要记住：自制是与人交往时必须具备的品质。只有学会了自制，才能控制别人，才能控制突发的事件，从而使自己获得应有的尊重。

学会把打击变为动力

在走向成功的路途中，千万不要因为他人的打击，如故意刁难、白眼、讽刺而变得沮丧，甚至打算放弃。因为在打击的背后，带给我们的或许是一种帮助，它使我们在打击中成熟，要我们在打击中努力向上。选择成功，为的是发奋、拼搏，最后走向成功。

所以，面对别人的打击，你大可把它当作刺激你前进的动力，并毫不动摇地继续向前迈进。这样，你便能打开通往成功的大门。

曾经被称为"打工皇后"的吴士宏以前只是一个护士。1985年，她决定到当时世界最大的信息产业公司——IBM去应聘。IBM的招聘地点在北京长城饭店。

她回忆说，在长城饭店门口，自己足足徘徊了五分钟，呆呆地看着各种肤色的人从容地迈上台阶，她的内心深处却无法丈量自己与这道门之间的距离。经过一番思考，她鼓足了勇气，走进了IBM公司北京办事处。她的确是个人才，顺利地通过了两轮笔试和一轮口试，最后到了主考官面前，眼看就要大功告成了。

主考官没有提什么难题，只是随口问："你会不会打字？"

她本来不会打字，但是本能告诉她，到了这个地步，不能有不会的。

于是，她点点头，只说了一个字："会！"

"一分钟可以打多少个字？"

"您的要求是多少？"

"每分钟120字。"

她不经意地环视了一下四周，发现考场里没有打字机，于是马上回答道："没问题！"

主考官说："好，下次考试时再加试打字！"

实际上，吴士宏从来没有摸过打字机。面试结束，她就飞快地跑到一个朋友处借了 170 元钱买了一台打字机，然后没日没夜地练习了一个星期，居然达到了专业打字员的水平。

她被录取了，她成了这家世界著名企业的一名普通员工。她扮演的不是白领，而是一个卑微的角色，主要工作是泡茶倒水、打扫卫生，用她自己的话说，"完全是脑袋以下的肢体劳动"。她为此而感到很自卑，她把可以触摸传真机作为一种奢望。

有个女职员，香港人，资格很老，动不动就喜欢指使别人为她办事，吴士宏就是她的主要指使对象之一。一天，这位女士对着吴士宏说："如果你喝我的咖啡，可以，但每次都请你把杯子的盖子盖好！"吴士宏本来是一个很会忍气吞声的人，但这次她的女性温柔全都不见了。她就像一头愤怒的狮子，把埋在内心的满腔怒火全部发泄了出来。

甘愿自卑，就只能沉沦下去；不肯自卑，就会产生无穷的推动力。吴士宏选择了后者，她每天除了工作就是学习，为自己寻找着最佳出路。

最终，在与她一起进 IBM 的人中，她第一个做了业务代表，成了第一批本土经理，成了第一批赴美国本部进行战略研究的人，又第一个成了 IBM 华南地区的总经理。最后，吴士宏还登上了 IBM（中国）公司总经理的宝座。

外界的打击是一把双刃剑，它可以令你沉沦，也可以催你奋进。一位哲人说过，任何学习，都不如一个人在受到屈辱时学得迅速、深刻、持久，因为它能使人更深入地接触实际、了解社会，使个人得到提升、锻炼，从而为自己铺就一条成功之路。

所以，受到打击后，不要总是愤愤不平，而是要想一想怎样做才能使自己同那些精英一样受人尊敬。最好的办法就是化打击为动力，不断学习进取。当你的本事练成了，底气夯足了，那时谁又敢再轻视你呢？

努力化解怨恨，让生活丰富多彩

经常失败的人，在寻找失败的借口和原因时，习惯于责备社会、制度、人生，总是抱怨自己的运气不好。对别人的成功与幸福总是愤愤不平，企图用所谓不公正的现象来为自己的失败辩护，使自己感到好过一些。可实际上，作为对失败者的安慰，怨恨是最不可取的办法。因为，怨恨是精神的烈性毒药，它使快乐不能产生，并且使成功的力量逐渐消耗殆尽，最后形成恶性循环。

某大学少年班 19 岁的大四女生丽窃取了同班同学晓来自美国明尼苏达大学的邀请信，并以晓的名义用 E-mail 与美国校方联系，拒绝了留学邀请，同时推荐了她自己。而晓因为迟迟没有收到明尼苏达大学的正式邀请，就发信询问美国校方，才发现已被人冒名拒绝了邀请。经过晓和班级师生的调查、取证，很快发现是同班的丽在捣鬼！

后来，丽在该校的 BBS 上发表了一篇"悔过书"，她写道："我的心理一度处于狭隘的状态。由于对周围发生的事情的极端看法，让我对生活、对人都很失望。我开始怀疑，甚至憎恨周围的人。我便在没有考虑后果的情况下，用这种很伤人的行为做了不该做的事。这种报复的心理真的很可怕，我也憎恨自己的这种行为，并为此感到羞耻。"

案例中丽的一些极端看法，导致她憎恨周围的人，感觉别人都对不起她，因而出手报复他人，酿成大错。

怨恨的结果是塑造劣等的自我意象。就算怨恨的是真正的不公正与错误，这也不是解决问题的好方法，因为这很容易就会转变成一种习惯情绪。当一个人总觉得自己是不公平的受害者时，就会把自己定位于受害者的角色，并可能随时寻找外在的借口，即使对最无心的话在最不确定的状况中，他也能很轻易地看到不公平的证据。

但是，产生怨恨的真正原因是自己的情绪反应。因此，只有运用自身的力量才能克服它，如果你能理解并且深信：怨恨不是使人成功与幸福的方法，你便可以控制住这种习惯。

据说，在法国一个偏僻的小镇，有一眼特别灵验的泉，会出现奇迹，还能医治各种疾病。一天，一个少了一条腿的退伍军人，拄着拐杖艰难地走过镇上的马路，想去看这眼灵验的泉。旁边的居民用同情的口气说："可怜的家伙，难道他要向上帝祈求再有一条腿吗？"

退伍军人听到后，转过身，说道："我不是要向上帝祈求有一条新的腿，而是要祈求他帮助我，在我失去一条腿后，也知道如何把日子过好。"

退伍军人没有怨恨命运的不公平，而是努力想把生活过好，这样的人必将是一个幸福的人。而一个有怨恨之心的人，不可能成为自立自强的人，也就不可能成为自己灵魂的船长、命运的主人。生活在怨恨中的人没有幸福可言，因为他们被仇恨蒙蔽了双眼，忘记了去发现生命中的美。所以，不管怎样，我们都要努力化解自己的怨恨，让生活变得丰富多彩。

面对讥讽不怒不气

很多人在面对讥讽、嘲笑时，总是和刺猬受到攻击一样竖起全身的刺来反击，不把对方刺得满身伤痕绝不罢休。但是我们要知道，在伤害别人的同时，我们自己也受到了伤害。如果对于讥讽之言不怒不气，反而泰然处之，不仅能求得心安，挑衅之人达不到目的也就偃旗息鼓了。

在唐朝，有个宰相叫娄师德，他的言行让后世人看到了心胸宽广之人是怎样以德报怨、息事宁人、赢得人心的。

娄师德身体肥胖，行动比较缓慢。一次他与部下外出，部下由于心急而口出不逊："真没办法，让种地的乡巴佬拖了后腿。"

娄师德听后不但没发火，反而自我解嘲地说："我不是乡巴佬，谁是呢？"

如果娄师德此时翻脸，大骂部下，部下也得洗耳恭听。因为其部下以侮辱言辞"犯上"，此谓大逆不道。娄师德不但不怒、不发火，还抱歉拖了大家后腿，可见其宽容之心。

娄师德在小事上能忍，在大事上也能做到无怒。

娄师德曾向武则天推荐狄仁杰，让狄仁杰做了宰相，但他对此事并不张扬，而狄仁杰也一直被蒙在鼓里。当狄仁杰被人诬陷坐牢时，他便怀疑是娄师德在暗中捣鬼，因此对娄师德心怀不满。后来，狄仁杰从武则天口中得知，他被重用全靠娄师德举荐。狄仁杰听了惭愧不已，常念娄师德对他恩重如山、度量大如海。

当时，狄仁杰怪罪娄师德，大家都为娄师德抱不平，娄师德却不这样看，他不但不怒、不气、不辩解，还宽容忍让，直至真相大白。娄师德以自己的忍让教育了狄仁杰，也赢得了众人对他的敬重。

娄师德这种宽容、仁义之心，对于讥讽之言不怒不气，对于误解不辩不怨，这种心胸远超常人，所以他能赢得众人的敬仰，青史留美名。

我们在生活、工作中，有时候会遇到别人的羞辱，此时，我们一定要谨记娄师德的故事，要识大体、顾大局，不斤斤计较，认认真真地做好自己的本职工作，以能力赢得别人的肯定和尊重。

另外，面对讥讽，我们要学会忍耐，以此立志，为自己加油；

面对讥讽，我们要大胆坚持自己的信念，勇于挑战。因为生活中，有头脑的人不会因为受到别人的嘲笑而改变主意，他坚信：真正有价值的东西，要通过时间来慢慢体现，更会在嘲笑中渐渐升值。

为小事生气，是浪费生命

美国研究应激反应的专家理查德·卡尔森说："我们之所以不快乐，其中有 80% 的原因是自己造成的。"卡尔森把预防烦恼的方法归结为这样的话："请冷静下来！要承认生活是不公正的。任何人都不是完美的，任何事情都不会按计划进行。"他的另一条黄金规则是："不要让小事情牵着鼻子走。"

但是在生活中，有很多人喜欢因为一些小事而生气，把自己的心情弄得一团糟。

每天早晨，晓静起床后，就阴沉着一张脸，她很生气，因为她遇到的烦心事太多了。先是狗把猫当作最有趣的抓咬玩物，二者的混战让家里成了战场；那只猫后来跳进泡菜坛子里，它用力甩掉满身的汤水，一边谴责地望着晓静；厨房的橱柜里传来"咔嚓咔嚓"的声响，一只老鼠正捧着一盒饼干大嚼特嚼！

时间一晃就过去了。十二个人要来她这儿吃晚饭，可晓静还没出去采购食材呢。她的神经立刻紧张起来，对自己大叫："早告诉你别磨蹭！"

晓静把猫锁进卧室，把狗责骂了一通，然后穿上外套，身心疲惫地开车向商店驶去。

晓静把车开进超市的停车场停好，三步并作两步走进超市，顺手抓起一辆购物车——可是车轮子却拐来拐去拒绝前进，还吱嘎乱叫地尖声抗议。她怨气冲天——真是倒霉极了！

她猛地把车推到收银台旁边，换了一辆车子。还不错，这一辆比较合作，轮子顺滑，悄然无声。终于有一线光明照进了她如此晦暗的一天。

晓静站在水果摊前，当她手捏一只梨时，一阵熟悉的吱嘎声刺入耳中，显然有人正使用她换掉的那辆推车。总算有个和她一样运气不好的人！

晓静转过身正要脱口而出："你怎么选了这辆该死的车！"可是眼前的一幕成为她终生难忘的画面：

一位头发花白的老先生，满脸沧桑的皱纹，他左手推着一辆轮椅，右手拖着那辆"该死"的购物车。他毫不在意不听使唤的轮子及其发出的噪声，只顾忙着导引轮椅，好让他那坐轮椅的妻子离货架近一些。

老先生的妻子是位鬓角灰白的虚弱的老太太，有一双碧蓝的大眼睛。她的手脚扭曲变形，头只能抬起一点点。老先生不时拿起一个水果，微笑着递给妻子看，她则笑着点点头。他们就这样一直用微笑和点头来互相回应。

晓静望着他拿起一个面包，那么轻柔地碰碰她的手，两人的默契使空气里满是爱的气息。晓静强迫自己把目光移开，便向奶制品区走去，这对老夫妻的一举一动像磁石一般吸引着她的心。

晓静买完东西回到车上时，又看到了那对老夫妻。原来，他们的小货车就停在晓静的车旁边，老先生正把东西放到车子前面，他的妻子就在轮椅上耐心地等着。

老先生匆忙走向车后，这时候一阵风掀起了妻子身上的毯子。老先生充满爱意地把毯子四周重新掖好，然后俯下身，在妻子额前吻了一下。妻子举起扭曲变形的手，摸了摸他的脸。然后，他们都回过头来望着晓静笑了。

晓静也对他们笑了笑，两行泪水不觉滑过了面颊。她突然觉得，这一天中遇到的小事都已经变得微不足道了。

案例中让晓静心动、流泪的，是他们相濡以沫的真情，他们彼此需要，彼此怜惜，共同分享爱与欢笑。这对老夫妻面对生活的乐观与豁达，也给了我们这样一个有益的启示：小事不足挂怀，只要有爱与希望，再大的事也只是小障碍罢了。

人生是短暂的，所以不要一直因一些鸡毛蒜皮、微不足道的小事而生气，为这些小事浪费你的时间、耗费你的精力是不值得的。领导的看法、同事的评价、朋友的建议、世俗的风气、道德的约束，让我们给自己套上了一个个包袱，一点点地把自己拖住累垮。但等到你想通后，一切就变得微不足道了。

英国著名作家迪斯累里曾经说过："为小事生气的人，生命是短暂的。"如果你真正理解了这句话的深刻含义，那么你就不会再为一些不值得一提的小事情而生气了。

对自己说"不要紧"

"月有阴晴圆缺，人有旦夕祸福。"生活中，我们每时每刻都可能面对不如意之事。面对这些令人烦恼却挥之不去的不如意，我们所秉持的态度，就会影响到我们的人生。

明在遭受失业、父母意外身亡的一连串打击后，对生活已失去了热情，终日借酒浇愁。

一天，在一家小酒馆里，明遇到了一位智者。了解了明的情况后，智者对他说："我有句'三字箴言'要送给你，它会对你的生活有一定的帮助，而且是使人心态平和的良方，这三个字就是'不要紧'。"

清醒后的明用了三天时间来领悟"不要紧"这"三字箴言"所蕴含的智慧。于是，他把这三个字写了下来，贴在家里的墙壁上，他决定今后再也不会让挫折和失望来破坏自己平和的心情。

后来，明果真遇到了考验，他不可救药地爱上了房东的女儿。但是，房东的女儿拒绝了明的玫瑰花，并婉转地告诉他说，自己已有了未婚夫。那几天，明觉得墙上贴着的"不要紧"三个字根本没有用，甚至觉得好笑。

一个星期后，明再看到这三个字时，他开始冷静地分析自己的情况：到底有多要紧？那女孩很要紧，自己也很要紧，快乐也很要紧，但自己希望和一个不爱自己的人结婚吗？

一个月后，明发现没有房东的女儿，自己也可以生活，甚至感觉到一个人生活心情也能放松。将来肯定有另一个人会进入自己的生活，即使没有，明仍然觉得每一天都是好日子。

三年后，另一个女孩走进了明的生活。在兴奋地筹备婚礼的时候，明把那三个字从墙上撕下来，扔进了垃圾桶中，他以后将永远快乐，他的人生旅途中不会再有失败和挫折。

的确，结婚的头几年，他们过得很快乐。明有了一份理想的工作，妻子为他生了一对双胞胎女儿，他们还有一定数额的存款，明觉得日子过得惬意极了。

有一次，明的所有存款都在股市中被套牢了。明的心里非常难受，他又想起了那"三字箴言"："不要紧！"明心想："上帝啊！这一次可真的是要紧，而且是要命，我的生活怎样才能得以维持下去呢？"

一天，就在明又沉浸在悲伤之中时，那对双胞胎女儿"咿呀咿呀"学语的声音吸引了他的注意力。两个女儿坐在地毯上，都朝他张开双臂，而她们的笑容是那么令人动容。这一刻，明觉得自己的心情受到了强烈的冲击，他想："我有如此可爱的女儿和善良的妻子，这已是上苍赐给我的无价之宝，我在股市上损失的只是金钱，一切都会好起来的，实在'不要紧'。"

明的心情又恢复了平和，他再也没有为金钱的损失而烦恼了，而日子也真如他所期待的那样，又一天天地好了起来。

人生在世，有许多事情是要紧的，我们的价值和我们的荣誉是要紧的，可是也有许多使我们的平和心情和快乐受到威胁的事情，实际上是不要紧的，或者不像我们所想象的那样要紧。因此，我们有必要永远记住"不要紧"三个字。

在大发明家爱迪生晚年的时候，一天他正伏案工作，不远的实验室突然发生了意外，火光冲天，最后实验室变成了一堆瓦砾。当时，爱迪生正潜心研究有声电影，所有的资料及样片统统在火灾中化为灰烬。他的老伴儿哀伤地说："多年心血付之一炬，如今你年迈力衰，这可怎么办呀！"爱迪生也很伤心，但他一下想起了自己发明电灯的过程，为寻找灯丝，他试了7000多种材料，失败了近8000次，但他百折不挠，最后终于获得了成功。那么，眼下这场火灾又算得了什么？他打起精神安慰老伴儿："不要紧，我虽然已经67岁了，明天还可以重新开始。我相信，重新开始工作对任何人都为时不晚。真的不要紧，亲爱的！"结果，爱迪生成了有声电影的最早发明人。

爱迪生凭借简简单单的一句"不要紧"就清除了心底的阴晦，重新找到了工作的动力。因此,在生活中,我们也要多说"不要紧"。

你情窦初开时，却尝到了爱情的苦果，无法相信昨天还信誓旦旦的爱人，一夜之间已负心和背叛自己。你悲痛欲绝，觉得生命已毫无意义，彷徨消沉。对此，你不妨理智地对自己说一句：不要紧，生活是多层面的，没有他，还可以有另一个他，我同样可以生活得更好。

你心地善良，乐于助人，却偏偏被误解，你尝到了不被人理解的痛苦，就此愤愤不平。你急于辩解，结果却适得其反，遭到更多的责难。对此，你不妨也对自己说：不要紧，就让时间来证明我的一片诚心吧。

你很有才华，却难以施展，因为命运让你干上了与你的志趣南辕北辙的工作，复杂的人际关系更让你穷于应付。此时，你一定觉得怀才不遇，生不逢时，壮志难酬，忧郁苦闷。对此，你也不妨对自己说一声：不要紧，这是磨炼，大器一样可以晚成。

你久病缠身，辗转卧榻，药不离身，一切生活中的乐趣与享受都消失殆尽。与其悲观绝望，还不如对自己说一声：不要紧，病痛终会过去，造化会还我一个健康之身。

你呕心沥血，奋斗多年的事业功败垂成，你苦心经营的公司，一下子亏本破产，对此，你同样可以对自己说：不要紧，从头开始，来日方长……

牢骚满腹者难以成功

当一个人在生活中遭遇挫折与不公时，难免会发出不平之声，并且希望引起别人的注意和同情。不过，当一个人不断地把抱怨和指责的矛头对准别人时，就很容易让人产生反感，继而产生负面效果。

爱发牢骚的人，很难与人友好地交往，即使他并没有直接说对方不好，但他那万事皆不如意的心态，让人很难与他找到共同的语言。久而久之，人们还会觉得他太"刁"，难以相处，常常避而远之，偶有接触，也只好打个"哈哈"敷衍了事。因此，总讲负面话，总是对人抱怨的人最终将成为难以与人相处的孤家寡人。

雯雯是一个喜欢发牢骚的女孩，遇上一点事情就牢骚满腹、怨天尤人。上学的时候，雯雯总是埋怨老师没有把她教好，使她的成绩无法得到提升，还说老师太偏心，对那些成绩好的同学非常重视，对自己总是爱理不理。不仅如此，她还埋怨那些成绩好的同学清高，总是一副冷漠的样子。

参加工作后，雯雯爱发牢骚的毛病一点都没改。这样工作了两年多，许多比她后进公司的同事都比她能力强，都能很快升职，但她依然没有得到提升。对此，她常常这样埋怨："我到公司这么多年了，按理说，没有功劳也有苦劳，为什么却一直升不上去呢？一定是有人看我不顺眼，故意算计我！"

一旦有同事得到了老板的重用，她就爱挖苦人家："某某到公司不到三年，可是升官发财都有他的份儿，唉！比起逢迎拍马，我是一点儿也不如他！""真不知道老板是怎么想的，像我这种人才，在这个行业里待了这么多年，居然还没有出人头地，老板真是太不公平了！"

在生活中，雯雯也常常埋怨这个、批评那个，看谁都不顺眼，好像全天下的人都做了对不起她的事似的。不但如此，她还整天喋喋不休地到处煽风点火，找人"咬"耳朵，拼命把自己的怨气往别人身上倒，自己不开心也就罢了，还老想把别人一起拖下水。

后来，雯雯因为到处散布负面消息，不仅在公司里得不到重用，连朋友也寥寥无几，成了真正的孤家寡人，工作岌岌可危。

对此，美国密歇根大学心理学教授詹姆斯·科因经过长期的研究发现：牢骚过后常常使人更加郁闷、烦恼。就算牢骚产生的根源是真正的不公，但用牢骚来化解怨恨也不是解决问题的方法，因为它很快就会转变成一种恶劣的情绪。这种情绪会将你定位于受害者的角色上，并可能让你随时寻找外在的借口，即使对最无心的话在最不确定的情况中，你也能很轻易地看到不公平的证据。

心理学家还认为，经常牢骚满腹的人只有在苦恼中才会感到适应，这种习惯于怨恨和自怜的情绪，会让人们把自己想象成一个不快乐的可怜虫或者牺牲者。因为，一个人有埋怨之心，他就不可能把自己想象成自立、自强的人。抱怨的人把自己的命运交给别人，把自己的感受和行动交给别人支配，他就像乞丐一样依赖别人。如果有人给他快乐，他也会抱怨，因为对方不是照他希望的方式给的；如果有人永远感激他，而且这种感激是出于欣赏他或承认他的价值，他还是有抱怨之心，因为他觉得这种感激过于虚假；如果生活不如意，他更会抱怨，因为他觉得生活欠他的太多。

其实，生活不可能永远一帆风顺，偶尔发发牢骚也是正常的。如果将发牢骚变成了习惯，那么，你很有可能成为孤家寡人，并很难获得他人的帮助与支持。

生活中需要经常发泄的人，可以往自己的卧室中挂一个沙袋去施展拳脚，把心中所有的不平与愤怒统统让它去承受，然后让自己的心态保持平静。还可以对事情重新估计，不要只看坏的一面，提醒自己不要忘记在其他方面取得的成就。你不妨自我犒劳一番，如去饭馆美餐一顿或去逛逛商店。或者考虑一下怎样避免今后发生类似的问题。更可以结交那些希望你快乐和成功的人。或者想一想那些处境比自己更差的人……但绝不可人前人后地不停抱怨，牢骚满腹，这样不但解决不了问题，反而会使问题变得越来越严重。

第六章

生气不如争气，
行动是最好的反击

愚蠢的人只会生气，聪明的人懂得争气

在人的一生中，谁都难免会遇上一些不开心的事，而此时，生气是大部分人会选择的。的确，生气是人一种与生俱来的本能，它往往是一种不假思索的反应，具有强烈的破坏性。然而，生气不但解决不了任何问题，反而会损害我们的身体健康，甚至会使人失去理智，做出许多抱憾终生的事来。所以，我们应该记住古人的教诲：生气不如争气。

人生有顺境也有逆境，但不可能处处是逆境；人生有巅峰也有谷底，但不可能处处是谷底。因为顺境或巅峰而趾高气扬，因为逆境或低谷而垂头丧气，都是浅薄的人生。真正的人生需要磨炼，面对挫折，如果只是一味地抱怨、生气，那么你注定永远是个弱者。只有学会坚强，积极向前，以平和的心态让自己做得更好，才能使自己的人生过得快乐充实，正如人们常说的，生气不如争气。

曾经有一个叫王有福的人，出生在一个非常贫困的家庭。爷爷希望他能改变家中贫穷的现状，寄希望于有福的身上，于是便给他取了这么一个名字。

因为家里穷，王有福从小就经常受到邻居小伙伴们的欺辱。

不生气，你就总能赢

他们经常把稻草编成一个圈，用树叶垫底，将泥土、鸟粪之类的东西放在里面，然后戴到小有福的头上，并大声地起哄："有福啊，你可真有福，我们都没帽子戴，你却戴着这么新潮的帽子，哈哈……"

小有福非常生气，真想冲上去和他们打一架，但一想若和他们打架，自己一个人必定打不赢，扭打中很可能撕坏衣裳，自己本来就穷，撕烂了衣服根本没钱买新的，家人也会跟着伤心。看到小有福如此的处境，他的家人告诉他："你不应该生气，应该争点气。在物质上，你是不如别人，这是事实，但你可以在学习上超越他们，通过学习成才改变你的命运，做一个真正'有福'的人。"

于是此后不管小伙伴们怎样取笑他、捉弄他、欺辱他，小有福都能保持良好的心态，并激励自己在学习上奋发向上。有时也有人问他："别人这样对你，你怎么就不生气啊？"他就会回答说："生气有什么用啊？生气能解决问题吗？生气还不如争气！有那生气的时间还不如多学点知识。"因为他从不与别人打架闹事，不与别人争长论短，加上学习成绩也特别优秀，所以常常受到老师和大人们的赞扬。

有福非常争气，他通过自己不断的努力考上了重点中学，后来又考上了一所有名的大学，在好心人的帮助下，他顺利完成了学业，并找到了一份相当不错的工作，成了一名对社会有用的人，改变了穷苦的命运。

愚蠢的人只会生气，聪明的人才懂得去争气。也许生活给了我们太多磨难，也许人生有着太多的曲折。但是，与其自怨自艾，不如扬眉吐气。

生气不但解决不了任何问题，反而会伤神，有损身体健康，甚至使人失去理性。比如，当你周围的同事升职或加薪了，而你还在"原地踏步"时，你首先要做的不是忙着生气，而是要反省自己，找找自身的原因，或许是你专业知识不够，也可能是缺乏工作技能。找到自身原因后，你可以把生气时投入的时间、精力都用在学习、工作上。如此一来，你就能把自己从"生气"中解脱出来。如果你凡事都去努力争取、去付出、去奋斗，或许将来你能有所成就，从而也能为自己争一口气。

有一位哲人说得好："不该记住的教我忘了吧，不该忘记的教我记住吧，不一定到了春天才去打扫家室。不妨把旧的回忆加以分类，把乱七八糟的杂念摒除，否则这些杂念会把你的心灵挤破。"

埋头做事，才能有所作为

许多有抱负的人都忽略了积少成多的道理，一心只想一鸣惊人，而不去埋头耕耘。忽然有一天，他看见比他起步晚的，比他天资差的人，都已经有了可观的收获，他才惊觉自己这片园地还是一无所有。他才明白，不是上天没有给他理想或志愿，而是他一心只等待丰收，忘了播种。于是，他只好任岁月蹉跎，年华老去，而他的愿望仍然只是愿望。

唯有埋头，才能出头。一个人如果急于出人头地，除了自寻苦恼之外，不会真正得到什么。因为人就像一粒种子，你要它长大，就必须经过在泥土中挣扎的过程。如果不肯忍受被泥土埋藏的苦闷，只想享受温暖的阳光、呼吸新鲜的空气，那么它永远不会生根发芽，茁壮成长。同样的道理：人只有埋头做事，才能有所作为，最后才能出人头地。

有一位年轻人时时都想干出一番大事业，以便能够获得周围人的尊重和崇拜。但他整天游手好闲，不做任何事，只一门心思地思考着如何才能出人头地，人们背地里都叫他"空想家"。

后来，年轻人闲逛到了山脚下的一个智者家里，智者见他成天不做事，忍不住教训了他几句。

年轻人说："我不是不想干事，而是想干大事，因为我要出人头地，可一直找不到出人头地的方法。"

智者带着年轻人来到院子后的花园里，然后从口袋里拿出一包种子说："这是九月菊的种子，现在你想个办法让它们早点开花，并让它们的花朵鲜艳夺目、出人头地吧。"

"想让它们在花中出人头地还不简单吗？咱们把它埋进土里，它就会生根发芽，钻出土壤，在秋天开出美丽的花朵。"说完，年轻人便刨土准备种下种子。

"你这样做是不是埋没了它们？"智者笑着问。

"可是，如果不经过埋没阶段，它们怎么可能发芽并破土而出呢？"

"孩子，看来你早就知道出人头地的方法呀。"

"您是说……"年轻人有所感悟。

智者是在借助种子的生长告诉年轻人：人只有埋头做事，才能有所作为，并出人头地。

史蒂芬是哈佛大学机械制造业的高才生。毕业后，他非常想进美国最著名的机械制造公司——维斯卡亚公司。但公司的技术人员已经爆满，不再需要他这种只有理论知识、没有实践经验的新手，然而这一切丝毫没有改变他要进入该公司的决心。为了能进维斯卡亚公司，史蒂芬采取了一个特殊的策略——假装自己一无所长。

史蒂芬首先找到公司人事部经理，并向他提出：自己愿意为该公司无偿提供劳动力，无论公司分派给他任何工作，他都会不计报酬来完成。公司人事部经理觉得这简直不可思议，但考虑到不用任何花费，也用不着操心，于是便分派他去打扫车间里的废铁屑。

史蒂芬就这样勤勤恳恳地重复着这种简单但非常辛苦的工作。为了糊口，下班后他还要去酒吧打工。日子虽然很苦，但史蒂芬相信这种在别人眼中不屑一顾的小事，一定会给他带来巨大的帮助，因为做这些小事是他唯一能进入这家公司的机会。

机会终于降临了。一次，公司的许多订单纷纷被退回，理由均是产品质量有问题，为此公司将蒙受巨大的损失。公司董事会为了挽救劣势，召开紧急会议商议对策。当会议进行了一整天还没有结果时，史蒂芬闯入了会议室，提出要直接对话总经理。

在会上，史蒂芬对这一问题出现的原因做了令人信服的解释，并且就工程技术上的问题提出了自己的看法，随后拿出了自己对产品的改造设计图。这个设计非常先进，恰到好处地保留了原来机械的优点，同时又克服了出现的弊病。

总经理及董事们见到这个编外清洁工如此精明在行，便询问了他的背景以及现状。史蒂芬解释了当初自己为什么愿意当清洁工的原因。随后，他即被聘为公司负责生产技术问题的副总经理。

原来，史蒂芬在做清洁工时，利用清洁工到处走动的特点，细心察看了整个公司各部门的生产情况，并一一做了详细记录，他发现了存在的技术性问题并想出了解决的办法。为此，他花了近一年的时间搞设计，获得了大量的统计数据，为最后一鸣惊人奠定了基础。

为了做好某一件事情或为了获得某一方面的成功，暂时的埋头是很有必要的。正如爬山，你必须低着头，认真并具有耐性地去攀登。到你付出相当的辛劳努力之后，登高下望，你才可以看见你已经克服了不少困难，走过了不少险路。所以，只有一次次的小成功，才会慢慢累积成大的更接近于理想目标的成功。埋头是为了更踏实地做事，当你学会埋头时，你将在事业上比别人收获更多。

用积极的行动来化解怒火

一位心理学家认为：生气可以是一种有建设性的情绪，它可以帮助你解决人与人之间的伤害和差异性，改善彼此之间的了解，并且为彼此的关系提供更为稳固的基础。当你将生气所产生的活力运用到有建设性的努力上时，生气就可以带来许多有价值的行动。但是，如果你将生气用在有破坏性的行动上，那么生气就会使你的活力消耗殆尽。

有建设性的生气，可以打开一个全新的沟通渠道，能够提醒他人注意到你的需要，由此可以创造出和解及沟通的契机。当你选择正面的方式，如无伤害性的良性沟通，将来自愤怒的能量转移到有建设性的活动上时，那么生气就是一种有建设性的情绪。

小许是一位大学讲师。在一次由教导主任主持的课题研讨会上，小许接听了朋友打来的紧急电话。就在小许挂掉电话的时候，教导主任严厉地批评了他。教导主任责怪小许应该告诉朋友不要在开会时打电话给他。

这时，小许老师的血液立即沸腾起来，他几乎冲口而出："任何时间你想接电话都可以接，凭什么要求我不要接朋友的电话？"但是用这样激进伤害的方式向教导主任反击，不仅不能解决问题，自己也会受到影响。事后，小许认为这样做不妥，应该找教导主任好好地面谈。

隔天，小许找了个机会单独向教导主任说："教导主任，我很不欣赏你昨天告诉我不能接任何朋友的电话的事，那些都是很重要的电话。如果你不希望我在开会时接听电话，你可以要求秘书接听，替我们留话，但是既然你在当时将电话转给我，所以我认为接听应该是没问题的。昨天的情况最让我难堪的是，你在其他老师面前谴责我。我无法想象，如果是你，你会如何面对？而且你对我说话的方式我也很不认同，你的口气好像父母在责骂小孩……

"越是想到你要我遵守你昨天的要求，就越让我感觉不舒服。我不想说什么不尊敬你的话。我们对于你在管理和教学上的能力和学识都相当推崇。同时我也记得，当我改进教学方式时，你是如何支持我的。我很担心如果我将你的要求转达给其他同事后，会降低他们对你的尊敬。

"我不认为我们应该明确审查每个人的电话，我尊重你有过滤你的电话的权利，也期望你能尊重我们应享有相同的权利。"

在小许老师与教导主任的谈话中，你应该已经注意到，他用了很平静和善的语调。他这种自信的回应，清楚地表现出了他的意图是为了加强和教导主任之间的工作关系，避免他们之间有任何失和的情况发生。

生气是一种自然的、正常的情绪反应，你可以用巧妙而间接的方式来表达你的情绪，也可以毫不隐瞒地表现出来，但不论是哪一种方法都只会让你更生气，而且很容易引发他人生气。因此，你可以用有建设性的办法，用积极的行动来化解生气的情绪，让生气为你工作，同时也能起到减少或消灭他人使你生气的机会。

试着把阻力变成动力

正如有白天就有黑夜，有晴天就有阴天一样，生活并不处处都是阳光和鲜花，还会有丑陋和阻力。那么，怎样化阻力为动力，促使自己尽快走向成功呢？

瑞典化学家诺贝尔小时候最喜欢到父亲的火药工厂里去玩。看着两个哥哥在那里操纵机械，他满心向往，巴望着自己快快长大，也从事科学试验。

有一天，他向工人要了点火药粉末，放在空罐里，盖上盖儿，在空隙的小孔里插上导火线，然后点火。"砰"一声巨响，罐子爆炸了。父亲知道以后非常生气，责令他不许再玩火药，因为这样太危险了。可是，诺贝尔并没有就此停手，他趁父亲不注意就偷偷地摆弄上一会儿。

长大以后，诺贝尔先后到了德国、丹麦、意大利、法国和美国，他白天访问大学，参观实验室，如饥似渴地学习新的科学知识，夜间就坐在灯下读他最爱的诗人雪莱的作品，而且自己练着写起诗来。

不生气，你就总能赢

后来，诺贝尔回到了在圣彼得堡的父母的身边。之后，诺贝尔父亲的工厂倒闭了，父母和小弟只好回到故乡瑞典。而诺贝尔仍然坚持着做试验，研究新式炸药。

1863 年，他发明的雷管引爆装置获得了成功。当诺贝尔的事业开始发展的时候，他的实验室发生了意外事故，小弟爱弥尔在事故中丧生。

诺贝尔将失去亲人的悲伤和不被理解的痛苦埋在了心底，仍然顽强地走着自己的路。为了安全，他将实验室搬到了森林深处的湖心驳船上，办起了水上工厂。不久，他发明了使硝化甘油降温的冷却装置。

硝化甘油火药很快被开矿业、筑路业采用，它的强大的爆炸力表明了诺贝尔的成功。一时间，美国、奥地利、比利时、德国等国商人纷纷订货，世界各地普遍采用了它。

正当诺贝尔沉浸在成功的喜悦中时，由于搬运工人的疏忽和无知，爆炸事故不断发生。人们纷纷投诉政府，对这种"杀人的炸药"表示抗议。没办法，各国只好对硝化甘油火药加以取缔。

又一次遭到阻挠，诺贝尔想的不是怎样知难而退，而是如何改进技术，发明更安全、更方便的炸药，他将阻力变成了科学研究的动力。此后，除了发明炸药以外，诺贝尔还在革新硫酸生产，改进煤气炉灶、冷冻设备，在铁的提炼、火箭发射法、留声机和电池的改良以及人造丝试制等项目方面都有发明创造。

母亲去世以后，诺贝尔悲痛万分，他将母亲节省下来的存款攒在一起，设立了以她的名字命名的慈善委员会。同时，他又在遗嘱中规定，用自己全部财产（约920万美金）的利息设立诺贝尔奖，分为和平奖、文学奖、物理学奖、化学奖、医学奖和经济学奖等奖项。从此以后，诺贝尔奖一直成为各个领域的最高奖赏。

诺贝尔堪称人类历史长河中一颗闪烁着耀眼光芒的明星。然而，他最大的成功不是他的发明创造，而是他变阻力为动力的主观能动性。对于一个科学家来说，在阻力面前退缩不前，他就不可能成为一名科学家。因为有主观能动性的人至少有成功的可能，而丧失了动力则是一个人最大的悲哀，所以他永远不可能成功。

成功的路有千条万条，但是每一条路都不是顺顺利利的，都会有阻力。只有勇敢地走自己的路，才会有突破、有成就。另外阻力也是一种动力，不怕阻力才会有动力。

从现在开始，试着把阻力变成动力，你会发现春光多么明媚，生活多么美好。

智者不与人斗气

在生活中，难免要与他人磕磕碰碰，而为这样的事情与人斗气是我们很自然的反应。但是，与人斗气，最后苦的是自己。

敏的老总对他很欣赏，因此滋长了他的虚荣心。

因为有了一些成绩，被大家认同接受，敏慢慢地以为自己无所不能，对同事对领导都摆出一副鼻孔朝天的架势来。渐渐地，大家对他有了微词，慢慢发展到对他不满；到最后只要是他做的事情，大家便来个彻底的不认同。

这一情况反映到老总那里，老总起初并不在意，因为老总很了解敏。后来，人们对敏议论多了，老总也迷糊了，觉得敏的确问题很多。从前，老总过于欣赏他，掩盖了一些问题，时间长了，问题便暴露了，老总也开始对敏颇为不满了。于是，老总在某次会议上不点名地批评了敏。

在老总看来，这种批评无伤大雅，也有某种保护敏，想让他上进的意思。但是敏在这段时间里，自以为谁都在和他过不去。他没有反省一下自身存在的问题，反而产生了很强的逆反心理，觉得这些人纯粹是忌妒他，在打击报复他。

于是，在老总批评他的第二天，敏便上交了辞职书。老总象征性地劝说了他几句，同意了他的辞职请求，叮嘱道，随时欢迎他回来。

敏上交辞职书的行为本来只是打算吓唬一下老总，因为他觉得公司离开了他就不能运转，所以用辞职来威慑老总，使之明白他在公司的位置。但没想到，老总真的同意了他的辞职申请。

敏大感委屈，而且认为他被这只老狐狸耍弄了，他要报复。离职后，他只要有机会就大放厥词，丑化原本欣赏他的老总，闹到后来，他还到公司主管部门举报原公司老总。当上级单位调查老总时，发现他的举报查无实据。后来，老总依然表示欢迎他回来，但他闹到这种地步，已经无颜见同事了，所以，敏彻底失去了一份不错的工作。

可见，与人斗气是对自己最不负责任的态度。因为斗气会使你所追求的目标变得模糊。斗气会投入大量的时间、精力和金钱，因此智者不为。

而别人与你斗气，有时却是一种策略。或许他知道其他方法不能令你妥协，所以故意刺激你，把你引入歧路，让你因此自我折损；或许他不知道你是否容易动气，便激一激你，从而探知你的底细，而他的目的，当然也是为了破坏你，或是毁灭你！

一个智者不会与人斗气，而是斗志。这里的"志"是对未来的规划，换句话说，不管别人对你如何，也不管自己心理感受如何，只管坚定地奔赴自己的目标。

无论如何，你要记住，智者只斗志而不斗气，甚至根本不与人斗，他们只跟自己斗。所以，在不顺心的时候，把倔气、脾气和傲气这些令自己生气的因素都收敛起来，鼓足勇气去争气，这样，朋友看你的眼光又是另一个样子。

与其改变别人，不如改变自己

在我们周围，总能听到这样的抱怨与要求：

"不是让你少喝点啤酒吗？我可不喜欢自己的男友肚子里没

有多少墨水却大腹便便。"一位女孩对男友说。

"你应该向我学习，多吃生大蒜，这样对身体好。"一位丈夫第 N 次对妻子说。

"小子，你又用左手拿笔，再这样我就揍你！"一位父亲愤怒地对上一年级的儿子说。

……

这样的话、这样的场景在生活中数不胜数。

人与人相处，就像齿轮与齿轮的互动。齿轮咬合得好，关系就融洽无间；齿轮咬合不好，关系就会出现隔阂。好在人是一种可塑性很强的动物，能随时改变自己。所以，只要进行改变，任何人际交往的障碍都是可以消除的。那么，应该由谁改变呢？这才是问题的关键。

有一位女士，结婚两年之后生了个小孩，不幸的是孩子生病死了，她的先生也抛弃了她。她万念俱灰，准备投海自杀。这位女士上了一个老头儿的船，船行至中途，她准备跳海。老头儿跟她说："两年前的你与今天的你有什么区别？"女士说："两年前我是单身贵族，一个人吃饱全家不饿。没有先生的唠叨，也没有孩子的烦恼。现在我一无所有。"老头说："我看你现在和两年前一样。两年前你没有先生，现在也没有；两年前你没有孩子，现在也没有；而且你人也没怎么变，还是那么年轻。"女士醒悟过来，微笑道："我不跳海了，咱们回去吧！"

以上的故事告诉我们：不能改变别人，就改变自己；不能改变事情，就改变对待事情的态度。然而，我们总是用各种方法、各种借口试图去改变周围的人。可是很多人并不知道让别人改变习性，不是一件容易的事情，一旦对方达不到自己的要求，便会责怪或是抱怨，这样便会破坏了自己的心情。因此，与其改变别人，不如改变自己的内心。

很久以前，有一位国王，他统治着一个富裕的国家。

有一次，国王到一个离王宫很远的地方旅行。回到王宫后，国王不停地抱怨脚非常疼，他以前从未走过那么长的路，更何况他所走的都是崎岖的山路。

于是，心怀怨恨的国王向天下发布诏令，命令老百姓用皮革铺好每一条道路，否则，就要受到惩罚。很明显，这要用掉无数张牛皮，花费巨额的金钱，而且，这几乎是不可能做到的事情。

眼看着许多无辜的百姓就要遭受牢狱之灾，这时，宰相冒着触怒国王的危险进谏道："陛下，为什么你要花那么多不必要的金钱呢？你何不剪一小块牛皮包在自己的脚上呢？"

听了宰相的话，国王很惊讶，但略加思考，他就接受了这位宰相的建议——命令鞋匠为自己做了一双厚底牛皮鞋。

一般的人，都希望或者要求别人改变来适应自己，很少考虑改变自己而适应别人。为什么呢？因为改变自己是困难的，有时需要跟形成已久的习惯做斗争，有时还需要努力去学习某种能力。相反，要求别人改变就容易多了，讲道理谁不会呢？

不生气，你就总能赢

在家庭里，老公恨不得按自己的设计图将妻子重新塑造一遍，要漂亮大方、温柔体贴，要会做家务、不爱花钱，要贞洁自爱，还要只跟自己打情骂俏……正好妻子那里也有一张设计图，是为改造老公而准备的，改造内容并不比老公那张图上的内容少。于是，双方都想帮助对方改变，自己却没有整改计划，自然，矛盾就出现了。而世上绝大多数的矛盾冲突，都是由人们这种"严格要求别人，坚决放任自己"的习惯造成的。

对一个有头脑的"君子"来说，当然不会等别人来改变自己，他会主动改变自己，去影响别人的心情。因为改变别人是一件困难的事，如果我们换一种方法，去改变自己、改变自己的内心、改变自己的想法，生活才会变得更美好，世界也才会变得更和谐。

反击别人不如充实自己

当我们遭到冷遇时，不必沮丧，不必愤恨，唯有尽全力赢得成功，才是最好的反击。

有时候，白眼、冷遇、嘲讽会让弱者低头走开，但对强者而言，这也是另一种幸运和动力。所以美国人常开玩笑说，正是因为负面的刺激，才造就了杜鲁门总统。

在高中毕业班时，查理·罗斯是最受老师喜爱的学生之一。

他的英文老师布朗小姐，年轻漂亮，富有吸引力，是校园里最受学生欢迎的老师之一。同学们都知道查理深得布朗小姐的青睐，他们在背后笑他说，查理将来若不成为一个人物，布朗小姐是不会原谅他的。

在毕业典礼上，当查理走上台去领取毕业证书时，受人爱戴的布朗小姐站起身来，当众吻了一下查理，给他出人意料的祝贺。当时，本以为会发生哄笑、骚动，结果却是一片静默和沮丧。

许多毕业生，尤其是男孩子们，对布朗小姐这样不怕难为情地公开表示自己的偏爱感到愤恨。不错，查理作为学生代表在毕业典礼上致告别词，也曾担任过学生年刊的主编，还曾是"老师的宝贝"，但这就足以使他获得如此之高的荣耀吗？典礼过后，有几个男生包围了布朗小姐，为首的一个质问她为什么如此明显地冷落别的学生。

"查理是靠自己的努力赢得了我特别的赏识，如果你们有出色的表现，我也会吻你们的。"布朗小姐微笑着说。男孩们得到了些安慰，查理却感到了更大的压力。他已经引起了别人的嫉妒，并成为少数学生攻击的目标，他决心毕业后一定要用自己的行动证明自己值得布朗小姐报之一吻。毕业之后的几年内，他异常勤奋，先进入了报界，后来终于大有作为，被杜鲁门总统任命为白宫负责出版事务的首席秘书。

当然，查理被挑选担任这一职务也并非偶然。原来，在毕业典礼后带领男生包围布朗小姐，并告诉她自己感到受冷落的那个男孩子正是杜鲁门本人。

查理就职后的第一件事，就是接通布朗小姐的电话，向她转述美国总统的问话："您还记得我未曾获得的那个吻吗？我现在所做的能够得到您的赏识吗？"

生活中，当我们遭到冷遇时，不必沮丧，不必愤恨，唯有尽全力赢得成功，才是最好的反击。当有人刺激了我们的自尊心，伤害到我们时，与其强烈地批驳别人，不如思考自己什么地方还需要完善。

有个喜欢与人争辩的学者，在研究过辩论术，听过无数场辩论，并关注它们的影响之后，得出了一个结论：世上只有一个方法能从争辩中得到最大的利益——那就是停止争辩。你最好避免争辩，就像避免战争或毒蛇那样。

这个结论告诉我们：反击别人不如充实自我。争辩中的赢不是真赢，它带来的只是暂时的胜利和口头的快感，它会使他人不满，影响你与他人之间的关系，更重要的是，在争辩中失利的人不会发自内心地承认自己的失败，所以你的说服和辩论是徒劳无功的，无助于事情的解决。

有一种人，反应快，口才好，心思灵敏，在生活或工作中和别人有利益或意见的冲突时，往往能充分发挥辩才，把对方辩得哑口无言。可是，我们为什么一定要与对方辩论到底以证明是他错了？这么做除了让我们得到一时的快意之外还有什么呢？这样能使他喜欢我们，或是能让我们签订合同？事实并非如此，要想拥有良好的人际关系，要想使自己在事业上游刃有余，在朋友中广受欢迎，在家庭中和睦相处，我们最好不要试图通过争辩去赢得口头上的胜利。

做情绪的主人，才能做生活的主角

约瑟 17 岁时就被兄长卖至埃及，任何人处在同样的境遇下，都难免自怨自艾，并对出卖及奴役他的人愤愤不平。但约瑟不做此想，他专注于提升自己，不久便成了主人家的总管，掌管所有的产业，极获倚重。

后来他遭到诬陷，被冤枉坐牢 13 年，可是依然不改其态，化怨恨为上进的动力。没过多久，整座监狱便在他的管理之下。到最后，他掌管了整个埃及，成为法老之下、万人之上的大人物。

我们虽没有约瑟受奴役和被囚禁的经历，但是日常生活中的种种琐事，却使我们处在各种各样的不良情绪之中。想想约瑟的遭遇，就会知道不同的情绪将有不同的人生。

许多人都有过受累于情绪的经历，似乎烦恼、压抑、失落甚至痛苦总是接二连三地袭来，于是，频频抱怨生活对自己不公平，期盼某一天欢乐从天而降。但要记住，你永远不会是世界上最不幸的那个人，只要我们用积极乐观向上的态度去面对，生活终会向你展示出它温情脉脉的一面！

其实，喜怒哀乐是人之常情，想让自己生活中不出现一点儿烦心事是不可能的，关键是如何有效地调整、控制自己的情绪，做生活的主人，做情绪的主人。人们常说，生活是一面镜子，你对它笑，它便对你笑；你对它哭，它也便对着你哭。我们想要拥有幸福快乐的人生，就要用一种乐观积极的情绪对待生活。

许多人都想控制自己的情绪，但遇到具体问题又总是知难而退："控制情绪实在太难了。"言下之意就是："我是无法控制情绪的。"别小看这些自我否定的话，这是一种严重的不良暗示，它可以毁灭你的意志，使你丧失战胜自我的决心。

输入自我控制的意识是开始驾驭自己的关键一步。

晓敏就不会控制自己的情绪，常常和同事发生矛盾。领导找她谈话，她还不服气，甚至和领导争执。领导没有动怒，只是和她讲道理，她嘴上没有说，却早已心悦诚服。从此她有了自我控制的意识，经常提醒自己，主动调整情绪，自觉注意自己的言行。就在这种潜移默化中她拥有了一个健康而成熟的情绪。

其实调整控制情绪并没有你想象的那么难，只要掌握一些正确的方法，就可以很好地驾驭自己。控制情绪也是一个长期的过程，在平常就要把自己的心态调整好，把保持良好的情绪作为一种习惯。

1. 想法客观

学会坦然面对生活中的一切，不对生活有过多的非分之想，不抱太多不切实际的幻想。给心理留一个放松的空间，用平淡的心态去接受身边发生的事。

2.学会发泄

每个人都会遇到许许多多的不如意，正所谓"人生不如意者，十有八九"。因此要想活得轻松快乐，就要找到适合自己的舒压方式，把心中的不良情绪及时发泄出来。

3.生活热情

平常要多参加一些户外的文体活动，多看一些轻松温馨的影视剧，多阅读一些时尚轻松的书籍杂志，让自己的思想见识跟上时代的发展；多发展一些兴趣爱好，不仅有助于消除不良情绪，还能帮助树立积极健康的心态，感受到生活更多的快乐。

4.每天听半小时音乐

优美的音乐对放松身心有着非常大的作用，每天抽出一点儿时间，泡杯茶，放松地坐下来，挑自己喜爱的音乐听上一会儿，对缓解情绪，平衡身心都有着非常积极的作用。

5.学会控制自己的愤怒

生活中我们都免不了遇到令自己愤怒的事，但是把愤怒全部发泄出来，对人对己都是没有任何好处的，所以，一定要控制住自己愤怒的情绪。当你觉得自己快要爆发的时候，先不要张口，在心里默默从一数到一百，然后再张口说话，对避免把谈话闹僵，会很有帮助的。甚至还有人说要从一数到三百后再张口，这要根据自己的愤怒程度，在心里给自己定个数。

可以转移情绪的活动有很多，你可以根据自己的兴趣爱好，以及外界事物对你的吸引来选择。例如，各种文体活动，与亲朋好友倾谈，阅读研究，琴棋书画，等等。总之，将情绪转移到有意义的事情上来，尽量避免不良情绪的强烈冲击，减少心理创伤，这样做非常有利于情绪的及时控制。

绕个圈子，避开钉子

在生活中，我们难免会因为一些竞争而使我们与对手针锋相对。矛盾也许不可避免，但是我们真的没有必要非要跟别人斗个你死我活。如果真的躲不过去，也不要跟对手硬拼。懂得利用智慧和技巧，在方法上取胜。

聪明的人总是懂得在危险中保护自己，而愚蠢的人总是喜欢依靠蛮力，宁可耗费掉自己全部的精力也要与对手拼出个高下，弄得自己没有回旋的余地。

一位搏击高手参加锦标赛，自以为稳操胜券，一定可以夺得冠军。

出乎意料，在最后的决赛中，他遇到一个实力相当的对手，双方竭尽全力出招攻击。当对方打到了中途，搏击高手意识到，自己竟然找不到对方招式中的破绽，而对方的攻击却往往能够突破自己防守中的漏洞，有选择地打中自己。

比赛的结果可想而知，这个搏击高手惨败在对方手下，当然也就无法得到冠军的奖杯。他愤愤不平地找到自己的师父，一招一式地将对方和他搏击的过程再次演练给师父看，并请求师父帮他找出对方招式中的破绽。他决心根据这些破绽，苦练出足以攻克对方的新招，决心在下次比赛时，打倒对方，夺取冠军。师父笑而不语，在地上画了一道线，要他在不能擦掉这道线的情况下，设法让这条线变短。

搏击高手百思不得其解，怎么会有像师父所说的办法，能使地上的线变短呢？最后，他无可奈何地放弃了思考，转而向师父请教。师父在原先那道线的旁边，又画了一道更长的线。两者相比较，原先的那道线看起来变得短了许多。

师父开口道："夺得冠军的关键，不仅仅在于如何攻击对方的弱点，正如地上的长短线一样，如果你不能使这条线变短，你就要懂得放弃在这条线上做文章，寻找另一条更长的线。那就是只有你自己变得更强，对方就如原先的那道线一样，也就在相比之下变得较短了。如何使自己更强，才是你需要苦练的根本。"

徒弟恍然大悟。

师父笑道："搏击要用脑，要学会选择，攻击其弱点。同时要懂得放弃，不跟对方硬拼，以自己之强攻其弱，你才能夺取冠军。"

在获得成功的过程中，在夺取冠军的道路上，有无数的坎坷与障碍，需要我们去跨越、去征服。人们通常走的路有两条：一条路是学会选择攻击对手的薄弱环节。正如故事中的那位搏击高手，可找出对方的破绽，给予其致命的一击，用最直接、最锐利的技术或技巧，快速解决问题。另一条路是懂得放弃，不跟对方硬拼，全面增强自身实力，在人格上、在知识上、在智慧上、在实力上使自己加倍地成长，变得更加成熟，变得更加强大，以己之强攻敌之弱，使许多问题迎刃而解。

不跟对手硬拼，是一种包容，也是一种智慧。绕开圈子，才能避开钉子。

不争而善胜

那些拥有"糊涂策略"的人，总是以不争而达到无所不争，以无为而达到无所不为。

在电视剧《雍正王朝》中，四阿哥胤禛的谋士邬先生告诉胤禛：争，就是不争；不争，就是争。这一句话，让忧心于国家当时的困境、苦恼于处在皇太子和八阿哥的政治旋涡之中的胤禛顿时觉悟。

政治从来都是与险恶相生相伴的，康熙皇帝英明一世，然而在选择继承人上却是愁眉不展。皇太子本来是钦定的皇位继承人，但由于其自身不努力，还做出一些违禁之事，于是屡次被废。另一方面，八阿哥自恃聪明，广结党羽，收买人心，不断打击皇太子，也逐渐增强了自己的力量，成为有实力问鼎皇位继承人宝座的人。

然而，历史却和这些明白人开了一个大玩笑，最后的皇位继承人爆了一个大大的冷门，没有任何资本的四阿哥却坐上了皇帝的宝座。因为胤禛采纳了邬先生的意见：扎扎实实做好自己的工作，对皇上和黎民负责就足够了。

　　这其间的奥妙，其实就是邬先生所说的"争与不争"的辩证法。老子还说："天下莫柔弱于水，而攻坚强者莫之能胜，以其无以易之。""天之道，不争而善胜，不言而善应，不召而自来，绰然而善谋。"都是告诉人们，越是那些不与人争、不与事争的"糊涂"人，越是能够善于取胜的聪明人，因为他们善取自然之法，明白"糊涂至上"之道。

　　"争"，需要对手；而"不争"，是想别人没想过的问题，做别人没做过的事情。"善胜敌者，不争。"不争最终是为了更好地去争，不是和对手争，而是和自己争，战胜自我，顺应天然。这样做在于以"不争"泯绝那些形名之争，而得潜在的大势态，"故天下莫能与之争"。

　　然而，司马迁说：天下熙熙，皆为利来；天下攘攘，皆为利往。很多人明明白白地看到了名、利，他们难以让自己装糊涂，为了名、利和各种难以告人的欲望，拼命地排挤别人，以达到抬高自己的目的。

　　世界上最强大的人，不是争名夺利者，而是那些不争而有为的人。这些人不喜欢"出类拔萃""独占鳌头"的字眼，也不会为了这些虚表的外物而蒙蔽自己的心智，因此，他们能够保持最纯真的本性，但是他们的真才实学，却最终会把他们推向"出类拔萃"的巅峰。

把别人的折磨当成前进的动力

孔子曰："岁寒，然后知松柏之后凋也。"

你曾经被你的语文老师要求抄写生字 10 遍吗？你曾经被你的体育老师要求跑 1000 米吗？你曾经被你的上司训话吗？你曾经被你的顾客抢白而无言以对吗？……生活中的折磨无处不在，那你是怨天尤人，忧虑度日，还是面对折磨，更加奋勇前进，这取决于你的选择。记住，你的选择会决定你的命运。

把折磨当成自己前进的动力，使自己经受折磨的雕琢，最终走向成功，才是你最明智的选择。

美国的一所大学进行了一个很有意思的实验。实验人员用很多铁圈将一个小南瓜整个箍住，以观察它逐渐长大时，能抵抗多大由铁圈给予它的压力。起初实验者估计南瓜最多能够承受 400 磅（约 181 千克）的压力。

在实验的第一个月，南瓜就承受了 400 磅的压力，实验到第二个月时，这个南瓜承受了 1000 磅（约 454 千克）的压力。当它承受到 2100 磅（约 1089 千克）的压力时，研究人员开始对铁圈进行加固，以免南瓜将铁圈撑开。

当研究结束时，整个南瓜承受了超过 4000 磅（约 1814 千克）的压力，到这时，瓜皮才因为巨大的反作用力产生破裂。

研究人员取下铁圈，费了很大的力气才打开南瓜。它已经无法食用，因为试图突破重重铁圈的压迫，南瓜中间充满了坚韧牢固的层层纤维。为了吸收充足的养分，以便于提供向外膨胀的力量，南瓜的根系总长甚至超过了 8 万英尺（约 2438 千米），所有的根不断地往各个方向伸展，几乎穿透了整个实验田的每一寸土壤。

南瓜因为外界的压力而变得更加苗壮，人生也是如此。许多时候我们夸大了那些强加在我们身上的折磨的力量，其实生命还可以承受更大的压力，因为只要你想，你就能开发出更加惊人的潜能。